小型水电站计算机监控实用技术

主　编　邓志刚　周英华
主　审　唐朝栋

黄河水利出版社
·郑州·

内 容 提 要

本书充分结合实际工程和校内实习、实训,突出以动手能力和实际操作作为核心的职业教育特点,深入浅出地介绍了水电站基础知识、可编程控制器、计算机通信、计算机监控原理等基本理论,对水电站计算机监控技术结构、内容及水电站计算机监控实际操作进行了重点阐述,并配有大量水电站设备实际操作图片和数字模拟动画操作软件。

本书可供职业院校水电站相关专业教学使用,也可作为相关专业技术人员学习的指导用书。

图书在版编目(CIP)数据

小型水电站计算机监控实用技术/邓志刚,周英华主编. —郑州:黄河水利出版社,2016.4
ISBN 978 - 7 - 5509 - 1378 - 3

Ⅰ.①小… Ⅱ.①邓…②周… Ⅲ.①水力发电站 –计算机监控 – 高等职业教育 – 教材 Ⅳ.①TV736

中国版本图书馆 CIP 数据核字(2016)第 044316 号

组稿编辑:王路平 电话:0371 – 66022212 E-mail:hhslwlp@ 163. com

出 版 社:黄河水利出版社
　　　　地址:河南省郑州市顺河路黄委会综合楼 14 层 邮政编码:450003
发行单位:黄河水利出版社
　　　　发行部电话:0371 – 66026940、66020550、66028024、66022620(传真)
　　　　E-mail:hhslcbs@ 126. com
承印单位:郑州龙洋印务有限公司
开本:787 mm × 1 092 mm 1/16
印张:7.25
字数:170 千字　　　　　　　　　　　印数:1—2 500
版次:2016 年 4 月第 1 版　　　　　　印次:2016 年 4 月第 1 次印刷
定价:16.00 元

前　言

　　小型水电站计算机监控实用技术是一门集计算机技术、通信技术、控制技术、机电设备、多媒体技术于一身的综合技术课程,是水电厂机电设备安装与运行等专业的核心课程。长期以来,由于受理论知识较深,技术较复杂,学校实习、实训条件等限制,实际教学与工作实际难以统一,教学效果不理想。

　　本书以小型水电站计算机监控实用技术课程教学改革为背景,以突出实践性教学为根本,以小型水电站实际操作为出发点,以结合学生实际和校内实习、实训为基础,舍弃了深奥的理论推导和理论设计,对数据库、可靠性、图像监控等知识进行了简略概述。全书力求文字言简意赅,通俗易懂,图文并茂,理实结合,并配有大量电站设备实际图片,实际操作内容配有数字模拟动画操作软件,直观明了。

　　本书编写人员及编写分工如下:第一章由邓志刚编写,第二章、第六章由王智慧编写,第三章、第七章由周英华编写,第四章由陈涛编写,第五章由那泓编写。本书由邓志刚、周英华担任主编,邓志刚负责全书统稿;由唐朝栋担任主审。

　　本书的编写得到了罗平老渡口、宁洱箐门口等水电站管理单位领导和技术人员的大力支持和帮助,在此深表感谢!

　　由于作者水平有限,书中难免存在缺点和错漏,热忱欢迎读者批评指正。

编　者

2016 年 1 月

目　录

第一章　水电站计算机监控基本知识

【教学目标】
　　1.电力生产概况。
　　2.计算机监控的目的、任务、设备。
　　3.计算机监控系统的基本结构、类型。
　　4.计算机监控的通信。

【知识目标】
　　1.了解电力生产概况及水力发电生产过程。
　　2.了解计算机监控的主要目的、任务、设备。
　　3.了解计算机监控系统的基本结构、类型。
　　4.了解计算机监控通信的基本知识。

【技能目标】
　　1.通过现场参观,熟悉水电站计算机监控的主要设备。
　　2.熟悉计算机监控通信常用硬件。

第一节　概　要

一、我国水电发展及云南小水电概况

　　水是清洁能源,是人类赖以生存的基础。世界气候变暖带来了各种问题,为减少二氧化碳排放,迫使世界各国都在开发不同的清洁能源。水能是目前世界上能够进行大规模商业开发的第一大可再生的清洁能源。

　　我国水能资源蕴藏十分丰富,可开发水电装机容量达 4 亿多 kW,居世界第一。2015年,我国水电装机容量突破 3 亿 kW,占全球的 27%,成为推动世界水电发展的重要力量。

　　我国西南地区集中了我国绝大部分水能资源,特别是云南,水能储量非常丰富,经济可开发水电站装机容量 9 795 万 kW,居全国第二,约占全国总量的 24.4%。改革开放以来,各地结合经济建设、扶贫开发、江河治理、生态保护、治水办电、农村电气化等建设了一大批中小型电站和配套电网,累计装机容量和发电量均占全省装机容量和发电量的 1/3。至“十二五”末云南省小水电站有 2 000 多座,装机容量达到 1 056 万 kW,发电量 346 亿 kWh,农村水能资源开发率达 65%,电网覆盖了全省 82% 的面积,保证了农村 64% 的人口和 92% 的农业生产用电,成为全国农村水电利用第一大省。小水电的发展为促进地方经济发展,推进工业化和城镇化,缩小城乡发展差距,保护生态环境,改善农村生产生活条件,增加农民收入,加快脱贫步伐,维护民族团结,保持社会稳定做出了重要贡献,发挥着不可替代的作用。

二、水电站生产过程及类型

发电厂又称发电站,是将自然界蕴藏的各种一次能源(动能、势能、化学能)转换为电能(二次能源)的工厂。

现在的发电厂有多种发电途径:靠燃煤、石油或天然气驱动汽轮机发电的称火电厂,靠水力发电的称水电站,还有靠太阳能(光伏)、风能和潮汐能发电的电站。目前,太阳能、风能作为清洁能源而得到大力发展。以原子能为能源的核电站已在世界许多国家发挥越来越大的作用。

(一)水力发电厂

水力发电是利用水流的位能来产生电能。水流量的大小和水头的高低,决定了水流能量的大小。当控制水流的闸门打开时,水流沿着压力管道进入水轮机蜗壳室,压迫水轮机转轮叶片,使水轮机转轮转动,从而带动发电机发电。其能量转换的过程是:水流位能—机械能—电能。由于水电站的发电容量与水电站所在地上下游的水位差(即落差,也称水头)和流过水轮机的水量(即流量)的乘积成正比,所以建设水电站就必须用人工的办法来提高水位。最常用的办法,就是在河流上修建一个很高的拦河坝,形成水库,提高上游水位,使坝的上下游形成尽可能大的落差,电站就建在堤坝后面。这种水电站叫作堤坝式水电站,我国一些大型水电站属于这种类型。另一种提高水位的办法,是在具有相当坡度的弯曲河段上游筑一低坝拦住河水,然后利用沟渠或隧道,将水直接引至建在河段末端的水电站,这种水电站叫作引水式水电站。还有一种水电站,由高坝和引水渠道分别提高一部分水位,是上述两种电站的综合,称为混合式水电站。上述水电站的分类是按集中落差的方式来划分的。如果按主厂房的位置结构来划分,可分为坝后式、坝内式、河床式、地下式等,见图 1-1。按运行方式来划分,还可以分为有调节水电站、无调节(径流式)水电站和抽水蓄能水电站。部分水电站图片见图 1-2。

水力发电厂建设费用高,周期长,发电量受水文和气象条件限制,但是电能成本低,具有水利综合效益。水轮机从启动到带满负荷只需几分钟,能够适应电力系统负荷变动,因此水力发电厂可担任系统调频、调峰及负荷备用任务。

小水电,从容量角度来说处于所有水电站的末端,它一般是指容量 5 万 kW 以下的水电站。世界小水电占整个水电的比重大体在 5% ~6%。中国可开发小水电资源约 7 000 万 kW,占世界小水电资源的一半左右。而且,中国的小水电资源分布广泛,特别是广大农村地区和偏远山区,适合因地制宜开发利用,既可以发展地方经济,解决当地人民用电困难的问题,又可以给投资人带来可观的效益回报,有很大的发展前景,它将成为中国 21 世纪前 20 年的发展热点。

世界上,许多发展中国家都制定了一系列鼓励民企投资小水电的政策。由于小水电站投资小、风险低、效益稳、运营成本比较低,在国家各种优惠政策的鼓励下,全国掀起了一股投资建设小水电站的热潮,由于全国性缺电严重,民企投资小水电如雨后春笋,悄然兴起。国家鼓励合理开发和利用小水电资源的总方针是确定的,从 2003 年开始,特大水电投资项目也开始向民资开放。根据国务院和水利部的"十一五"计划和 2015 年发展规划,中国将对民资投资小水电以及小水电发展给予更多优惠政策。中国小水电可开发量

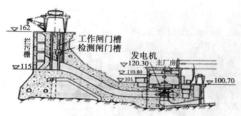

(a) 坝后式水电站

(b) 河床式水电站

(c) 引水式水电站

图 1-1　水电站的典型布置型式

葛洲坝水电站

云南幸福水电站

图 1-2　部分水电站图片

金安桥水电站

续图 1-2

占全国水电资源可开发量的 23%,居世界第一位。

(二)火力发电厂

利用煤、石油、天然气或其他燃料的化学能来生产电能,简称火电厂。从能量转换的观点分析,其基本过程是:化学能→热能→机械能→电能。世界上多数国家的火电厂以燃煤为主。煤粉和空气在电厂锅炉炉膛空间内悬浮并进行强烈的混合和氧化燃烧,燃料的化学能转化为热能。热能以辐射和热对流的方式传递给锅炉内的高压水介质,分阶段完成水的预热、汽化和过热过程,使水成为高压高温的过热水蒸气。水蒸气经管道有控制地送入汽轮机,由汽轮机实现水蒸气热能向旋转机械能的转换。高速旋转的汽轮机转子通过联轴器拖动发电机发出电能,电能由发电厂电气系统升压送入电网。

(三)风力发电厂

风力发电厂是利用风来产生电力的发电厂,简称风电厂,是属于再生能源发电的一种。风能可以为人类创造清洁能源,早在 19 世纪末,丹麦的气象学家保罗·拉·库尔就已经制造出第一台风力发电机,但当时由于经济效益过低,风力发电机并没有受到重视,直到最近几年,能源危机与环保意识提高带动了风力发电的发展。目前,由于联合国《京都议定书》减少温室气体排放协议的关系,世界各国相继将发展再生能源列为重要目标,而在此情形下,特别是 2000 年后,风力发电也就成为各国首选的能源发展重点。

我国的风力发电装机总量、新增装机、并网量目前均居世界第一。早在 2012 年,我国已成为风电装机排名全球第一的风电大国,截至 2015 年底并网风电装机容量达到 1 亿 kW。

(四)太阳能发电厂

太阳能发电厂是一种用可再生能源——太阳能发电的工厂,它是利用把太阳能转换为电能的光电技术来工作的。21 世纪的能源危机与环保意识提高使太阳能发电得到了极大的发展。中国是太阳能光伏发电设备的最大生产国,也是太阳能发电装机并网大国。

仅 2015 年世界太阳能新增装机容量就近 6 000 万 kW,而中国就占 1/4 多。

(五)原子能发电厂

利用原子能来生产电能的工厂,又称核电厂(核电站)。原子核的各个核子(中子与质子)之间具有强大的结合力。重核分裂和轻核聚合时,都会放出巨大的能量,称为核能。核能发电技术已比较成熟,是清洁能源技术。从能量转换的观点分析,具有重核裂变核能→热能→机械能→电能的转换过程。我国"十二五"期间开始大力发展核能发电,至 2015 年的全国核电装机已达 3 000 万 kW。核电在中国能源中所占的比重还远远低于全世界平均水平,全世界的核电占电能的比重大概是 15% 左右,中国核电占比仅 2% 左右。

(六)垃圾发电厂

垃圾发电是把各种垃圾收集后,进行分类处理。一是对燃烧值较高的垃圾进行高温焚烧(也彻底消灭了病源性生物和腐蚀性有机物),在高温焚烧(产生的烟雾经过处理)中产生的热能转化为高温蒸汽,推动涡轮机转动,使发电机产生电能。二是对不能燃烧的有机物进行发酵、厌氧处理,最后干燥脱硫,产生一种气体叫甲烷,也叫沼气。再经燃烧,把热能转化为蒸汽,推动汽轮机转动,带动发电机产生电能。垃圾发电作为火力发电的一种,截至 2015 年 9 月底,中国内地建成投运的垃圾焚烧发电厂已近 220 座,装机容量 500 多万 kW。垃圾焚烧发电厂的收益稳定、运营成本低廉并享有一定的税收优惠政策,能给投资者带来稳定的收益,但是垃圾发电带来的环境问题不容忽视。

(七)地热发电厂

地热能是指储存在地球内部的可再生热能,一般集中分布在构造板块边缘一带,起源于地球的熔融岩浆和放射性物质的衰变。全球地热能的储量与资源潜量十分巨大,每年从地球内部传到地面的热能相当于 100 PWh(1 P $= 10^{15}$),但是地热能的分布相对比较分散,因此开发难度很大。由于地热能是储存在地下的,因此不会受到任何天气状况的影响,并且地热资源同时具有其他可再生能源的所有特点,随时可以采用,不带有害物质,关键在于是否有更先进的技术进行开发。地热能在全球很多地区的应用相当广泛,开发技术也在日益完善。对于地热能的利用,包括将低温地热资源用于浴池和空间供热以及用于温室、热力泵和某些热处理过程的供热,同时还可以利用干燥的过热蒸汽和高温水进行发电,利用中等温度水通过双流体循环发电设备发电等,这些地热能的开发应用技术已经逐步成熟,而且对从干燥的岩石中和从地热增压资源及岩浆资源中提取地热能的有效方法进行研究可以进一步提高地热能的应用潜力,但是地热能的勘探和提取技术还有待改进。

目前在电力系统中起主导作用的是火力发电厂、水力发电厂和原子能发电厂。

第二节 计算机监控的主要目的、任务、设备

一、计算机监控的主要目的、任务

(一)水库的经济运行

计算机对库区的雨量和水位资料进行计算,并进行短期或长期的水文预报。根据预

报,主机计算出 24 h 的流量过程线,在给定的负荷调整范围内,由计算机给出 24 h 的负荷运行建议,供调度人员选用。这些工作是水电站经济运行的基础,也是合理利用水能资源必须进行的工作。

(二)最优发电控制

计算机对水电站的监控,最直接的目的就是进行最优的发电控制。监控的主要内容如下:

(1)根据电力系统对水电站有功功率的需要,实时调节水轮机导水叶开度,输入所需的水量。

(2)保证水轮发电机组的最优配合和负荷的最优分配。当水电站接受上一级调度下达的发电任务之后,水电站运行人员必须根据本水电站的机组台数、各机组的技术性能进行合理的组合,使各机组发挥最高的效率,并使整个水电站以最小的耗水量发出最多的电能。为了达到这个目的,必须制定合理的数学计算模型,然后由计算机进行计算,将各种可能运行组合的结果进行比较,选出最优方案。

(3)保证水电站的电压质量及无功功率的合理分配。这项工作,由运行人员根据电力系统对本电站的要求,给计算机输入控制水电站母线电压的上下限值,将无功功率分配给各发电机组。

(三)安全监视

安全监视包括水库防洪监测、大坝的安全监测和对运行设备的监测等内容。

(1)水库防洪监测。水库防洪是涉及水电站建筑物的安全和下游人民生命财产安全的重大问题。一个完整的水电站计算机控制系统,应该设置水文预报系统。一般情况下,该预报系统可以根据水情测报系统提供的水文资料进行水力资源的计算,为运行人员提供决策资料;而在洪水季节,则应根据各方面送来的水文资料进行洪水预报,进行洪水调度计算,进行泄洪闸门的开启计算等。

(2)大坝的安全监测。大坝安全监测是对水电站大坝、厂房、泄洪道、船闸等水工建筑物的监测,包括对大坝的位移、温度、应力、渗漏等参数的测量和显示。

(3)对运行设备的监测。利用计算机对水电站运行中的水轮发电机组及辅助设备的各项参数进行巡回检测,当发现这些设备的有关参数超过规定的上、下限值时,计算机便发出越限警报。对某些重要设备的关键参数,可以设置趋势记录,一旦发现有异常趋势,计算机便发出相应的警告,运行人员可以采取措施,及时消除隐患。

(四)自动控制

根据计算机给出的有关命令,水轮发电机组的开停机、发电、调相状态的转换、发电机的并列运行、机组有功功率及无功功率的调节、进水闸门开闭以及水轮机导水叶开度的调节等都可以进行自动控制。

(五)自动处理事故

水电站出现的事故往往是突发性的,在短时间内,运行人员很难对事故的性质做出准确的分析判断。通过计算机监测系统可以对水电站的设备进行在线监测,对运行设备的各种参数进行记录和存储,一旦发生事故,计算机便对事故进行分析,然后执行有关的事故处理程序,在事故得到及时处理的同时还记录了事故的性质、发生的时间和地点。

二、计算机监控内容、主要监控设备

(一)主要监控设备

主要监控设备主要有机组 LCU、公用 LCU、调速柜、励磁柜、保护、温度巡检、电参数测量、转速测量、水位测量、直流系统。

(二)部分设备图片

部分设备图片见图 1-3。

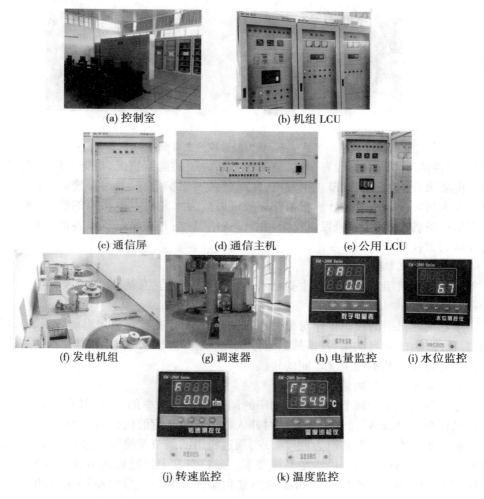

(a) 控制室　　　　　　　(b) 机组 LCU

(c) 通信屏　　　　(d) 通信主机　　　　(e) 公用 LCU

(f) 发电机组　　　(g) 调速器　　　(h) 电量监控　　　(i) 水位监控

(j) 转速监控　　　(k) 温度监控

图 1-3　部分监控设备

(三)水电站监控的主要设备图

水电站监控的主要设备图见图 1-4。

(四)监控内容

水电站计算机监控是指通过对水电站各种设备的状态信息进行采集、处理,以实现自动监视、控制、调节和保护。对于不同的水电站,水电站计算机监控的具体内容是不同的。

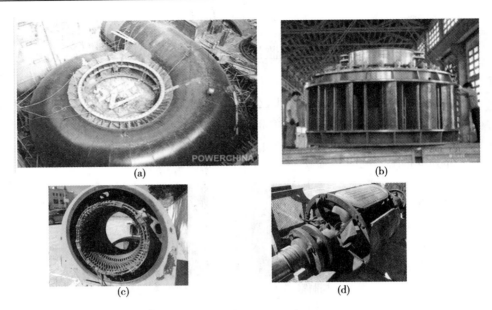

图 1-4　水电站监控的主要设备

但是,监控的基本内容一般有:通过监测水电站设备的运行情况,根据实际水能状况和电力调度要求自动控制和调节机组发电,并通过各项保护措施,及时报警或故障处理,确保设备与人员安全。水电站计算机监控一般可以分为水轮机发电机组的监控、水轮发电机组附属设备的监控、水轮机发电机组辅助设备的监控、开关站电气设备的监控、水工建筑物设施的监控等。

1.水轮发电机组的监控

水轮发电机组的监控内容主要是水轮发电机组的监控、调节、监测及保护。

1)水轮发电机组的监控

水轮发电机组的控制操作对象是水轮发电机组,包括实现机组自动开机、自动同期并网、自动停机、故障自动报警、事故紧急停机等。对于并入区域电网的机组,还应自动控制机组的运行方式及不同工况之间的转换。

2)水轮发电机组的调节

水轮发电机组的调节包括有功功率的调节和无功功率的调节,其任务是自动维持水轮发电机组的经济运行,这主要是针对并入电网承担基荷的机组而言的。

根据水库水能状况和电力调度要求,通过机组的调节系统控制水轮机导水叶的开度,从而调节机组的有功功率以满足系统要求。通过对发电机励磁调节系统的励磁电流(或电压)的调整,进行机组的无功功率的调节和保证并联运行发电机间无功功率的合理分配,以改善系统功率因数。

对于在电网中担负调频任务的水电站的水轮发电机组来说,调频调节是水轮机调速器自动完成的;电压调节是由发电机励磁调节系统自动完成的。机组计算机控制系统对水轮机调速器、发电机励磁调节系统进行控制,实现机组的频率和电压自动调节。

3)水轮发电机组的监测

水轮发电机组的监测对象是水轮发电机组,监测内容一般有:水轮发电机三相电压、三相电流、频率、有功功率、无功功率、功率因数、励磁电压、励磁电流、有功电能、无功电能、定子温度、轴承温度、压油槽油压、压缩空气气压、技术供水水压、蜗壳压力、顶盖压力、尾水管压力(真空)、主轴的摆度、导水叶开度、机组转速等。

4)水轮发电机组的保护

水轮发电机组的保护主要包括机械保护和电气保护。

(1)机械保护。主要包括机组过速、导水叶剪断销剪断、技术供水中断、轴承温度过高、定子温度过高、轴承油位过高或过低、刹车气(油)源压力过低等。对于不同的机组，保护的数量和种类在选择上有所不同。

(2)电气保护。主要包括发电机的差动保护、过电压保护、欠电压保护、过电流保护、过负荷保护、失磁保护、零序保护、负序保护、低频保护、转子一点接地保护等。保护对象是发电机，对于不同的机组，保护的数量和种类在选择上有所不同。

2. 水轮发电机组附属设备的监控

水电站监控的水轮发电机组附属设备主要包括调速器、励磁系统、主阀(闸门)。机组附属设备监控的内容包括机组附属设备的监测和调控。机组附属设备的保护由调速器和励磁系统自身实现，监控系统采集有关故障或事故信息，实施故障报警或事故处理。

1)水轮发电机组附属设备的监测

水轮发电机组附属设备的监测对象主要有：调速器压油槽油压、励磁系统的励磁电压与励磁电流、主阀(闸门)全开和全关位置、调速器和励磁系统的故障状态等。

2)水轮发电机组附属设备的控制

调速器和励磁系统的控制主要是根据水轮发电机组的调节要求，实现有功、无功、频率、电压的自动控制。

在水电站正常运行的情况下，进水主阀(闸门)处于全开启状态，而在水轮发电机组正常开停机操作过程中是不工作的。但在以下几种情况下必须操作进水主阀(闸门)：水轮机的导水叶被杂物卡住或者导水叶剪断销剪断等原因不能关闭；或者水轮机导水叶漏水严重，正常运行停机时由于机组不能停下来，要求关闭进水主阀(闸门)；当引水管破裂时，通过关闭进水闸门以切断水流，保证水电站的安全。

3. 水轮发电机组辅助设备的监控

水电站监控的辅助设备对象主要包括水电站的油、水、气系统。水电站辅助设备的监控主要内容包括水轮发电机组辅助设备的监测与控制。

1)水轮发电机组辅助设备的监测

水轮发电机组辅助设备的监测内容主要包括对于调速器和机组制动系统的油压、技术供水(冷却水)系统水压、技术供水(冷却水)电磁阀全开和全关位置、高低压压缩空气系统的气压、集水井的水位、水轮机顶盖漏水水位等。

2)水轮发电机组辅助设备的控制

水轮发电机组辅助设备的控制包括液压控制系统和压力控制系统。由于水轮发电机组的油系统、检修排水系统较简单，对自动化要求较低，所以水轮发电机组辅助设备的控制系统主要包括技术供水(冷却水)系统、渗漏排水系统、高低压压缩空气系统和油系统。

监控系统根据机组的开停机的工况，控制技术供水水泵和阀门，维持正常供水水量；

根据集水井水位的高低控制排水泵的启停;根据高低压储气罐中的压力高低分别控制高低压空气压缩机的启停,维持正常供气气压;根据储油罐中的压力高低分别控制油罐压缩机的启停,维持正常供油油压。

小型水电站水轮发电机组辅助设备的自动控制系统可以由可编程控制器(PLC)实现,也可以通过简单的常规继电器实现。

4. 开关站电气设备的监控

开关站监控的电气设备主要包括主变压器、断路器、隔离开关、线路等。监控的内容包括开关站电气设备的监测、控制和保护。另外,厂用电的监控也可以归纳到开关站电气设备的监控系统中来。

1)开关站电气设备的监测

开关站电气设备的监测内容主要包括主变压器进线的三相电压、三相电流、功率因数、有功功率、无功功率、运行温度等;主变压器出线的三相电压、三相电流、功率因数、有功功率、无功功率、有功电能、无功电能等;断路器和隔离开关的分合闸位置等。

2)开关站电气设备的控制

开关站电气设备的控制主要是根据水电站的运行工况来控制断路器的分合,而隔离开关一般是采用手动操作,当隔离开关配置了辅助接点和电动或电磁操作机构时,也可由计算机监控系统进行操作。

3)开关站电气设备的保护

开关站电气设备的保护主要是主变压器保护、线路保护和母线保护,也有些水电站没有母线保护。

(1)主变压器保护。主要内容有差动保护、过电压保护、过电流保护、过负荷保护、重瓦斯和轻瓦斯保护、温度过高保护等。对于不同容量的变压器,保护的数量和种类有所不同。

(2)线路保护。小型水电站出线电压等级与电站装机容量和区域电网结构有关,典型的出线电压是 35 kV 和 10 kV。因此,线路保护主要内容包括电流速断保护、过电流保护、过电压保护、欠电压保护、过负荷保护、零序保护等。对于不同的线路,保护的数量和种类有所不同。装机容量较大、出线采用 110 kV 电压等级的水电站,还应增加距离保护等。

(3)母线保护。母线起着汇集和分配电能的作用。它可能发生各种相间短路故障和单相接地短路故障。引起母线短路故障的主要原因有:断路器套管及母线绝缘子的闪络;母线电压互感器的故障;运行人员的误操作,如带负荷拉隔离开关、带接地线合断路器等。

母线保护主要内容有完全差动保护和不完全差动保护。

4)厂用电的监控

厂用电的监控包括测量厂用变压器的三相电压、三相电流、无功功率、功率因数、有功电能、无功电能和厂用直流系统的保护。厂用变压器保护主要有过电流保护、过电压保护、过负荷保护等。厂用直流系统的保护主要有直流系统接地、充电机故障等。对于不同的厂用变压器和直流系统,保护是有差别的。

5.水工建筑物设施的监控

水电站监控的水工建筑物设施主要有防洪闸门(包括泄洪闸门)、进水口拦污栅、前池等。水工建筑物设施监控的内容包括水工建筑物设施的监测与控制。

1)水工建筑物设施的监测

水工建筑物设施的监测内容主要有防洪闸门位置、拦污栅前后压差、前池或上下游的水位等。

2)水工建筑物设施的控制

水工建筑物设施的控制内容包括:根据防洪调度要求,控制防洪闸门(包括泄洪闸门)的启闭;根据拦污栅前后压差,人工或自动清理垃圾;根据前池或上下游的水位控制水轮发电机组的出力。

三、小型水电站计算机监控的特点

我国的水力资源丰富,数以万计的中小型水电站遍布全国各地的乡村。小水电的大力发展使我国几百个县实现了农村电气化。农村要实现电气化,电力要先行,从电力生产方面来说,关键要做好发电和供电两方面的工作。目前,在全国全面实施的农村电网改造的重点是解决广大城乡供电系统问题。而发电企业主要是中小型水电厂。因此,要实现农村电气化,必须抓好小水电建设,不断提高小水电站的综合自动化水平。小水电站的综合自动化,重点不在于高性能,也不在于片面地追求功能完善化,其重点应在于实现基本的控制、操作和保护的功能与可靠性,即其关键是要确保调速、励磁、机组自动化控制和保护功能及其可靠性。

因此,改善水电站运行条件,提高水电站综合经济效益的重要措施是实现小水电站自动化。根据我国的国情,小水电站实现自动化不仅要更多地考虑价格因素、运行人员的技术水平,还要考虑经济利益等。可见,小水电站计算机监控有其自身的特点,即为良好的经济性与技术的实用性、操作简单化、功能的完整及可靠性。

(一)良好的经济性与技术的实用性

小水电站计算机监控系统应强调以经济实用为原则,自动化装置应具有良好的经济性,包括投资的经济性和运行维护的经济性。由于小水电站在系统中并非占主导地位,系统对它的可靠性和稳定性要求也相对较低,因此自动化功能和配置可以简化,只要能实现基本的控制、操作和保护等功能,满足农村区域电网的运行要求即可。但随着电子工业的成熟和发展,小水电站陈旧的监控装置故障率高,维护工作量大,已经不适应生产的需要,应该向可靠性高、维护简单的计算机技术发展。

在欧美的一些国家,装机容量较小的无人值守的农村小水电站,采用"开机手动,停机自动"的自动化模式。当遇事故时水轮发电机组将自动停机,并向远方的值班人员发出信号,通知值班人员前往处理。

一切从经济实用的角度出发,根据小水电站不同装机容量或等级采用不同的自动化模式,这是近几年小水电站自动化得到发展的原因之一。

(二)操作简单化

小水电站地处偏僻的农村,由于客观原因,水电站运行人员的技术水平一般比较低,难以接受操作和维护都相对比较复杂的自动化系统。20世纪80年代初,小水电站自动化处于刚起步阶段,有的水电站虽然安装了计算机监控系统,但运行人员仍在原控制台监控,计算机监控系统基本上处于闲置状态。究其原因是水电站中熟悉计算机的运行人员不多,无法操作复杂的自动化系统。所以,针对广大农村小水电站工作人员的运行水平,应该采用一种操作简单、性能可靠的自动控制保护系统,只需经过简单的短期培训就能完全掌握。而满足基本控制功能的简单的小水电站计算机监控系统,也可进一步提高发电、生产过程的可靠性。另外新材料、新技术可以大胆地应用于小水电站中。与大中型水电站相比,小水电站在电网中的重要性相对比较低,可允许尝试性地采用新材料、新技术,如使用液压装置代替调速器等。

(三)功能的完整及可靠性

过去小水电站的自动化控制系统为了节省投资,将功能减到最低限度,使信号、保护、自动功能都不完整,因而可靠性低、故障率高、电能质量差,已不能满足现代农村经济发展的要求。因此,小水电站计算机监控系统不仅要简化设备,而且功能要完整,且各类自动化参数符合国家有关标准的要求,随着计算机技术的成熟,可以实现小水电站的综合自动化,实现集中监控,由少人值班过渡到无人值班,从而提高劳动生产率。

四、水电站计算机监控的意义

水电站计算机监控的意义就是通过对水电站的水轮发电机组及其辅助设备、水电站附属设备、开关站电气设备、水工建筑物设施的信息进行采集、处理,实现自动监测、控制、调节、保护,从而保证水电站充分利用水能资源,并按电力系统要求优化运行与稳定运行,保证电能的质量。同时,减少运行与维护成本,改善运行条件,达到无人值班(少人值班)的目的。

(一)以选型的方式代替常规电气设计,简化设计、安排和调试工作

常规继电接触器控制方案的电气设计非常烦琐,在设备订货时,除要向厂家提供原理图、布置图外,还应进行各种继电器的选型、配套。而将自动控制系统设备集成后,设计单位只要提供一次主接线和保护配置及自动化要求即可。因此,通过选型的方法代替电气设计,简化了整个水电站的设计、安装和调试工作。

(二)水轮发电机组的安全可靠运行可提高电能质量

水电站计算机监控系统除了能准确而迅速地反映水电站中水轮发电机组等设备正常运行的状态及参数,还能及时反映水电站设备的不正常状态及事故情况,自动实施安全处理。水电站的自动控制减少了运行人员直接操作的步骤,从而大大降低了发生误操作的可能性,保证了水电站设备运行的可靠性,在一定意义上,也保证了电网运行的可靠性。在水轮发电机组等设备安全可靠运行的情况下,计算机监控系统能自动控制发电机组频率和电压,并根据电力系统调度要求,自动调节发电、供电、用电的平衡,提高了电能质量。

(三)自动化与优化运行相结合,提高了发电效益

水电站计算机监控技术的应用,使水电站运行实现自动化,运行人员对设备的操作工作量大大减少,减轻了运行人员的劳动强度,也减少了水电站的运行人员数量,使水电站实现无人值班(少人值守)的目标,降低了运行费用及发电成本。同时,也实现了优化

运行。

（四）加速水轮发电机组的自动调节过程，确保实施竞价上网

水电站计算机监控系统是按照预定的逻辑控制顺序或调节规律，依次自动完成水电站设备的控制调节的。这样就消除了人工操作在各个操作过程中的时间间隔，免去了人工操作过程中的检查复核时间，缩短了调控过程。

根据国家电力体制改革的要求，实现"厂网分开，竞价上网"后，水电站如果没有自动化系统，而是依靠传统的人工操作控制，将难以满足市场竞争的需要。不了解实时行情，参与竞价时将非常困难。即使争取到了发电上网的机会，如果设备陈旧落后也不能可靠运行，不仅自身发电效益受损，而且会影响电网供电。

第三节　计算机监控系统的基本结构、类型

计算机监控系统是应用计算机参与监测并借助一些辅助部件与被控对象相联系，以获得一定控制目的而构成的系统。被控对象的范围很广，包括各行各业的生产过程、机械装置、交通工具、机器人、实验装置、仪器仪表、家庭生活设施、家用电器和玩具等。控制的目的可以是使被控制的对象的状态或运动过程达到某种要求，也可以是达到某种最优化目标。

计算机监控系统由监控部分与被控对象组成，监控部分包括硬件部分和软件部分。计算机监控系统软件包括系统软件和应用软件。系统软件一般包括操作系统、语言处理程序和服务性程序，它们一般由计算机制造商为用户配套，有一定的通用性。应用软件是为实现特定控制目的而编制的专用程序，如数据采集程序、控制决策程序、输出处理程序、报警处理程序等，它们涉及被控制对象的自身特征和控制策略等，是由实施控制系统的专业人员自行编制的。

计算机监控系统是计算机、控制、网络、通信等多学科内容的集成。

一、水电站计算机监控系统的基本组成

电能不能大量储存，其生产、输送、分配和消耗必须在同一时间内完成。电能这个特性决定了水电站的发电过程必须是连续进行的，因此水电站的计算机监控系统必定是实时控制系统。水电站计算机监控系统由硬件系统和软件系统两部分组成。

（一）硬件系统

水电站计算机监控的硬件系统一般由主机、模拟量输入/输出通道、开关量输入/输出通道、接口电路、系统总线、外部设备、自动化仪表、运行操作台及通信设备等部分组成。计算机控制系统硬件框图见图1-5。

1. 主机

主机由运算器、控制器和内存储器3部分组成，是计算机控制系统的核心。主机的任务是完成程序的存储，并根据事先安排好的程序自动地对水电站的运行信息进行计算、分析，并做出相应的控制决策，以信息的形式通过输出通道向被控制对象发出控制命令。

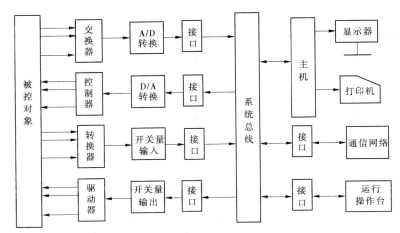

图 1-5　计算机控制系统硬件框图

2. 输入/输出通道

输入/输出通道也称为过程通道。过程通道包括模拟量的输入与输出通道、开关量的输入与输出通道,是主机与被控对象相互联系的桥梁。水电站运行过程中的各种电量、非电量及开关量被检测后都通过输入通道送入计算机,而计算机的各种控制信息则通过输出通道传送给被控对象。

3. 接口电路

接口电路是主机与外部设备、过程通道互相联系的纽带。计算机的接口电路主要有并行接口、串行接口及管理接口三种。主机通过接口电路来传送有关信息和命令以实现对外部设备、输入输出通道的控制。

4. 系统总线

系统总线把计算机硬件的各部分有机地联系在一起,使整个计算机系统有序地、高效率地投入运行。计算机的总线形式有单总线、双总线及多总线等。

5. 外部设备

外部设备是指输入设备、输出设备及外存储器等设备。如键盘、光电输入机等输入设备是用来输入程序和数据的。输出设备主要有打印机、记录仪、显示器等,其作用是把主机输出的二进制数据变换成十进制数据、曲线及字符等,使运行人员能及时地了解生产过程。外存储器有磁带、磁盘等,其功用是存储程序及有关数据。

6. 运行操作台

运行操作台是运行人员与计算机控制系统进行联络的工具。运行操作台设置了各种功能键、数字键及显示屏幕。运行人员通过运行操作台实现对控制参数的修改、控制命令的发出、对事故的处理以及对整个生产过程的随时了解。

7. 通信设备

通信网络由各种通信设备组成,与上一级计算机系统连接进行通信。它既可接收上一级计算机系统下达的各种命令和信息,也可向上一级计算机系统发送本电站的有关信息。

（二）软件系统

软件系统包括系统软件和应用软件两大部分。系统软件由计算机厂家提供,一般包括程序设计系统、诊断程序和操作系统3个部分。程序设计系统是为用户进行程序编制而提供的工具程序,例如编译程序等,它的作用是把用户输入的源程序翻译成目标程序。诊断程序是为计算机的调试、查错和故障修复而提供的工具程序。操作系统是对计算机的监控系统进行管理调度的程序,是用户进行管理的基础。

但对用户来说,更需要掌握的是应用软件。应用软件是用户自己设计和编写的,主要包括过程监视程序、过程控制程序及公共应用程序。过程监视程序包括数据巡回检测程序、数据处理程序、越线报警程序以及控制台服务等;过程控制程序包括描写产生过程及实现控制的各种程序;公共应用程序包括服务子程序和制表打印等程序。

二、水电站计算机监控结构

水电站计算机监控系统经过了几十年发展变化,系统结构从简单到复杂、从低级到高级、从单项到全面、从集中式控制向分布式控制、从单计算机向多计算机、从单层向多层网络发展。监控系统结构可分为集中式、功能分散式、分层分布式计算机控制系统。目前,小型水电站广泛采用分层分布式计算机控制系统结构。

（一）分层分布式计算机控制系统结构主要类型

分层分布式计算机控制系统的结构分为主控管理层、现地控制层（现地控制单元LCU）、网络通信层3个层次。每个机组组成1个现地控制单元,升压站和公共设备组成1个控制单元,现地单元经通信管理机上以太网,各现地单元内部以485通信形式至通信管理机,LCU中的所有PLC、保护等自动化设备经一个通信管理机上以太网,通信管理机担负通信功能,结构简单、可靠、性价比较高,典型结构如图1-6所示。

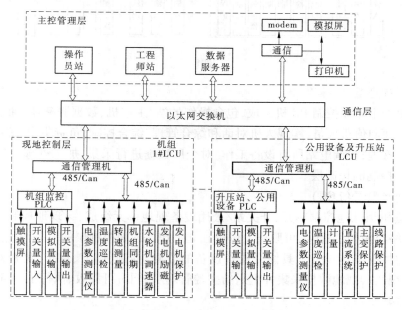

图1-6　分层分布式计算机控制系统典型结构图

适用范围:一般适用于机组单机容量 4 000 kW 以下、对监控系统要求不高的小型水电站。

1.分布

从控制对象、地域的角度看是分散的,按不同的被控制对象由不同的计算机监控设备完成不同的独立功能;这种结构控制分散、供电分散、干扰分散、风险风散,数据就地处理,减少通信开销,可靠性、安全性较高。

2.分层

按控制的性质、复杂程度、组织结构的不同,把计算机监控设备按功能分为几个层次(见图1-7)。

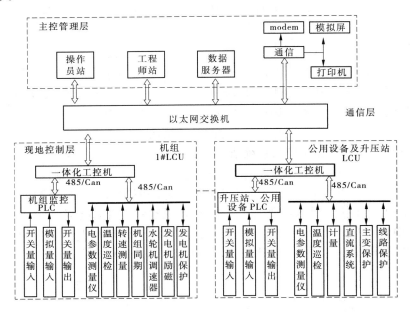

图 1-7

1)主控管理层

一般由若干工业控制 PC 机组成,包含操作员站/主控机、数据服务器,通过网络与现地层连接。面向值班人员,实现人机对话和综合管理、综合控制,负责集中、统一对全厂设备进行监控管理,协调电站所有设备工作,对全厂数据进行采集、加工处理,是全厂的"指挥中心",是控制的最高层。

2)现地控制层(LCU)

由 N 套机组现地控制单元、开关站/公用设备现地单元组成,各现地控制单元相对独立,通过网络与主控层连接,可脱离上位机独立工作。现地控制层的设备与生产设备直接连接,面向对象(具体设备),具体完成各设备的监测、控制、调节、保护,负责对某一设备的监控,实现实时现地数据采集并上送给主控管理层,同时可接收、执行主控管理层指令。

3)网络通信层

网络通信层是整个监控系统的数据中枢,连接主控管理层和现地控制层。

通信管理机:实现对本单元(LCU)各设备信息收集,并集中经以太网交换机送往主控管理层,同时将主控机的命令传递给各测控装置,实现当地或远程控制。(同时还完成通信协议的转换和数据的预处理、网络的转换)

以太网交换机指把多台电脑连起来的一个硬件,组成网络,作用是转发数据。

(二)其他类型

LCU 中的 PLC 和其他自动化设备经工控管理机上以太网,如图1-7 所示;LCU 的 PLC 直接上以太网,其他自动化设备经 PLC 上以太网,如图1-8 所示。

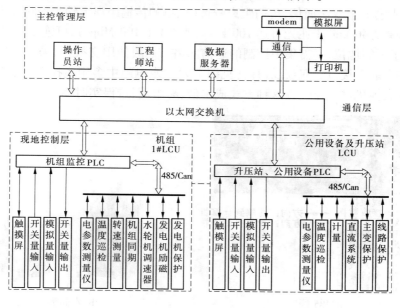

图 1-8

第四节　计算机监控系统通信知识

一、串、并行通信

(1)字节(byte):8 位二进制数表示一个字节如 11010010。

$$1 \text{ MB} = 1 \ 024 \text{ kB} \qquad 1 \text{ GB} = 1 \ 024 \text{ MB}$$

(2)字(word):两个字节表示一个字 (一个汉字用 2 个字节表示)。

(3)并行:采用 8 根线同时传输一个字节。

(4)串行:采用一根信号、一根地线顺序传送一个字节。

二、常用的串行口通信

(1)RS-232 端口。用三根线(收发各用一根数据线,一根地线,共计 3 线)按位顺序不平衡转送,全双工通信,传输距离较远(约 15 m),速率较低(20 kbps);点对点通信,有标准的接口；一般用在设备间或设备与外设（如鼠标、打印机等）间。

（2）485 端口。用两根线（A\B 或 + \ −）按位顺序差分平衡转送，半双工通信，传输距离远（达 1 200 m），速率较高（可达 10 Mbps）；可连 32 个设备构成多点主从通信网络（有一主设备）。水电站中多用于现地单元中的设备与 PLC\通信管理间通信。

（3）Can 串行现场总线端口。用两根数据线 CAN_H 和 CAN_L，按位顺序传送。传输距离远（约 10 km），速率较高，可达 1 ~ 10 Mbps；可连 110 个设备构成多点多主通信网络。用双绞线通信。水电站中多用于现地单元中的设备与 PLC\通信管理间通信。支持设备少。

（4）以太网。全双工通信，传输距离较远（电口的传输距离大约是 100 m，光纤口多模是 5 km，单模是 40 km，千兆光可达 100 km），速率高（ 100 Mbps）；可连多个设备，构成多点，使其处于平等地位，不需集中控制的通信网络。一般使用交换机，采用有标准的 RJ45 连接器俗称水晶头接口的双绞线通信（见图 1-9）。水电站中多用主控管理层与现地层间通过以太网交换机进行通信。这种方式成本低、易组网，难保实时性。

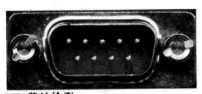

(a)485 端口　　　　　　　　　　　　　(b) 水晶头

(c)485 接口

图 1-9　通信接口

RS 485 9 针 Sub − D 型子连接器的插针分配见表 1-1。

三、常用传输介质

（一）双绞线电缆

双绞线电缆是将一对或一对以上的双绞线封装在一个绝缘外套中而形成的一种传输

介质,是目前局域网最常用到的一种布线材料。为了降低信号的干扰程度,电缆中的每一对双绞线一般是由两根绝缘铜导线相互扭绕而成,双绞线也因此而得名。双绞线一般用于星型网的布线连接,两端安装有 RJ – 45 头(水晶头),连接网卡与交换机,最大网线长度为100 m。

表 1-1　RS 485 9 针 Sub – D 型子连接器的插针分配

插针编号	信号	含义
1	屏蔽	屏蔽
2	M24	24 V 输出电压的参考点
3	RxD/TxD – P*	接收 –/发送数据 – P
4	CNTR – P	中继器控制信号 – P
5	DGND*	数据参考点
6	VP*	终端电阻供电电压(5 V)
7	P24	24 V 输出电压
8	RxD/TxD – N*	接收 –/发送数据 – N
9	CNTR – N	中继器控制信号 – N

(二)同轴电缆

　　同轴电缆是指有两个同心导体,而导体和屏蔽层又共用同一轴心的电缆,见图 1-10。最常见的同轴电缆由绝缘材料隔离的铜线导体组成,在里层绝缘材料的外部是另一层环形导体及其绝缘体,然后整个电缆由聚氯乙烯或特氟纶材料的护套包住。

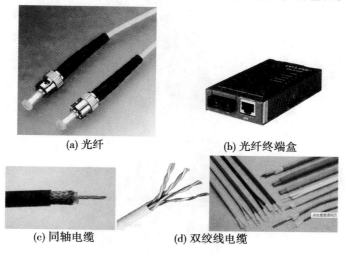

(a) 光纤　　　　　　　　　　(b) 光纤终端盒

(c) 同轴电缆　　　　(d) 双绞线电缆

图 1-10　常用传输介质

(三)光纤

　　它是利用置于包覆护套中的一根或多根光纤作为传输媒质并可以单独或成组使用的

通信线缆组件。光缆主要是由光导纤维(细如头发的玻璃丝二氧化硅 SiO_2)和塑料保护套管及塑料外皮构成,光缆内没有金、银、铜铝等金属,一般无回收价值。

习 题

1. 水电站计算机监控系统的主要任务是什么?

2. 水电站计算机监控系统有哪些部分组成?

3. 小水电站计算机监控系统的特点是什么?

4. 小水电站计算机监控的意义是什么?

5. 计算机监控通信常用的接口及传输介质有哪些?

第二章　水电站计算机监控系统的基本原理

【教学内容】

1. PLC 基础知识。

2. 水电站中的开关量、模拟量。

3. 数据采集分类。

4. 水箱计算机自动监控实例（实际操作）。

【知识目标】

1. 熟悉 PLC 的组成、原理。

2. 了解开关量、模拟量输入和输出通道电路的工作原理，熟悉它们在水电站中的应用。

【技能目标】

1. 能认识水电站中的开关量、模拟量设备。

2. 能做到常见开关量、模拟量与 PLC 等计算机的正确接线 。

计算机监控的基本原理是：计算机监控设备监测到水电站被控设备的各种信号（开关量、模拟量），经程序计算输出，控制被控设备完成既定的生产任务。水电站计算机监控结构分 3 个层次：主控管理层、现地控制层、通信层。现地控制层监控设备面向被控设备，以 PLC 为控制核心，具体完成机组、附属设备的监控功能。

第一节　PLC 基础知识

可编程控制器简称 PLC，是以微处理器为基础，综合了计算机技术、自动控制技术和通信技术的一种新型、通用的自动控制装置，是专为工业环境下应用而设计的控制用计算机。在水电站计算机监控中，PLC 控制已取代了常规继电器控制，PLC 是水电站生产的主要核心控制设备。其特点是可靠性高、抗干扰能力强、适用性强、应用灵活、编程方便、易于使用、功能完善、接口多样、体积小、重量轻、功耗低。

目前市场上主要厂家有德国的西门子、法国的施耐德、日本的三菱和欧姆龙、美国的通用 GE 等。

一、PLC 硬件系统

PLC 硬件系统包括 CPU、存储器、I/O 接口、可选部件。

（1）CPU 是 PLC 控制中枢。接收并存储从编程器输入的用户程序和数据，检查电源、存储器、I/O 及警戒定时器的状态和诊断用户程序中的错误，执行用户的应用程序。

（2）存储器用来存放系统程序、用户程序和数据。

（3）I/O 接口。输入接口用来连接被控制对象中各种输入信号，一类是开关量输入接口，与外界各种按钮、行程开关、继电器触点、断路器的辅助触点、接近开关等开关量相连；另一类是模拟量接口，与电量变送器、温度变送器、压力变送器等各种变送器送来的模拟量输入信号相连；输出接口用来连接被控制对象中的各种执行元件，如：接触器、电磁阀、指示灯等，一般通过输出口继电器隔离。

（4）可选部件。扩展端口，连接 I/O 扩展单元来增加 I/O 点数，连接特殊功能单元扩展 PLC 的功能。

二、PLC 软件系统

软件系统由系统程序和用户程序组成，系统程序包括监控程序、编译程序及诊断程序等。监控程序又称管理程序，主要用于管理全机。编译程序用来把程序语言翻译成机器语言。诊断程序用来诊断机器故障。系统程序由 PLC 生产厂家提供，并固化在 EPROM 中，用户不能直接存取，故也不需要用户干预。用户程序是用户根据现场控制的需要，用 PLC 的程序语言编制的应用程序，用以实现各种控制要求。用户程序由用户用编程器键入 PLC 内存。小型 PLC 的用户程序比较简单，不需要分段，而是顺序编制的。大中型 PLC 的用户程序很长，也比较复杂，为使用户程序编制简单清晰，可按功能结构或使用目的将用户程序划分成各个程序模块。按模块结构组成的用户程序，每个模块用来解决一个确定的技术功能，能使很长的程序编制得易于理解，还使得程序的调试和修改变得很容易。

三、PLC 按结构分类

（1）整体式。是将电源、CPU、I/O 部件都集中装在一个机箱内，由不同 I/O 点数的基本单元和扩展单元组成，其结构紧凑、体积小、价格低，一般中小型 PLC 采用，如图 2-1 所示。

（2）模块式。是将电源、CPU、I/O 等各部件分别组成若干单独的模块，根据需要将各模块组装到基板上，其配置灵活，便于扩展和维修，一般大中型 PLC 采用，如图 2-2 所示。

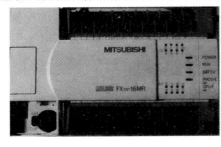

图 2-1　整体式 PLC　　　　　　　图 2-2　模块式 PLC

四、PLC 工作原理

以三相电动机单向启动、运行为例说明 PLC 工作原理。

（一）PLC 控制系统的等效电路

PLC 控制系统的等效电路如图 2-3 所示。

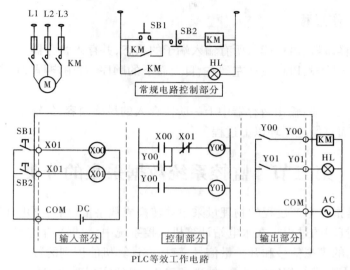

图 2-3　PLC 控制系统的等效工作电路

1. 输入部分

（1）输入外部设备。包括各种开关、传感器、继电器触点等，与 PLC 输入端口相连。

（2）PLC 输入端口。PLC 与外部输入设备连接的端口，分开关量端口和模拟量端口。

（3）内部输入继电器线圈。输入继电器与外部输入端口对应。

2. 输出部分

（1）输出外部设备。包括继电器线圈、接触器线圈、指示灯、电机等，与 PLC 输出端口相连。

（2）PLC 输出端口。指 PLC 与外部输出设备连接的端口，分开关量端口和模拟量端口。

（3）内部输出继电器触点。输出继电器触点与外部输入端口对应。

（4）输出电源。输出外部设备电源。

3. 控制部分

控制电路（PLC 的梯形图程序），与常规电路类似，左右两竖线为电源母线，由若干行连接于左右母线，每行由内部继电器触点和线圈组成。

（二）PLC 等效工作原理

1. 电机启动运行

按 SB1 按钮，SB1 闭合，输入线圈 X00 通电，其程序中的 X00 常开触点闭合，输出线圈 Y00 得电，程序中的 Y00 一常开触点闭合自锁，另一常开触点闭合，Y01 线圈得电；同时输出电路部分的 Y00 常开触点闭合（输出），交流接触器线圈 KM 得电，KM 主触点吸合，电动机启动运行，输出电路部分的 Y01 常开触点闭合（输出），指示灯亮。

2. 电机停止

按 SB2 按钮，SB2 闭合，线圈 X01 通电，其程序中的 X01 常闭触点断开，输出线圈 Y00

失电,Y00 常开触点断开,自锁解除,同时输出电路部分的 Y00 常开触点断开,交流接触器线圈 KM 失电,触点释放,电动机停止运行。

五、PLC 工作过程

(1)输入采样阶段:PLC 读入所有输入端子的状态,并存入暂存器。

(2)程序处理阶段:PLC 按从左到右、自上而下的顺序,对用户程序的指令逐条扫描、运算。

(3)输出刷新阶段:输出暂存器中上一阶段存入的最终内容,经输出端子输出。

(4)PLC 周而复始地循环以上过程。

第二节　监控系统数据采集的分类

数据采集是指将生产过程的物理量采集并转换成数字量以后,再由计算机进行存储、处理、显示或者打印的过程。在水电站计算机监控系统中,数据采集系统的任务就是采集各类传感器输出的模拟信号和开关量信号,转换成计算机能识别的数字信号,并送入计算机,计算机根据需要进行相应的计算、处理和输出,以便实现对水电站生产过程的自动控制。

一、数据采集分类

(1)输入模拟量。是指将现场具有连续变化特征的电气量和非电气量直接或经过变换后,输入到计算机系统的接口设备的物理量。适合水电站计算机监控系统的模拟量参数范围包括 0 ~ 5 VDC、0 ~ 10 VDC、0 ~ 20 mA、± 20 mA、4 ~ 20 mA 等。

(2)输出模拟量。是指计算机系统接口设备输出的模拟量,水电站中适用的典型参数为 4 ~ 20 mA 或 0 ~ 10 VDC。

(3)输入开关量。是指过程设备的状态或者位置的指示信号输入到计算机系统接口设备的数字量(即开关量),此类数字输入量一般用一位"0"或"1"表示。

(4)输出开关量。是指计算机系统接口设备输出的监视或者控制的数字量,在水电站控制中为了安全可靠,一般输出开关量经过继电器隔离。

(5)输入脉冲量。是指过程设备的脉冲信息输入到计算机系统接口设备,由计算机系统进行脉冲检测的一位数字量,如机组齿盘测速信号。

(6)数字输入 BCD 码。是将 BCD 码制数字型的输入模拟量输入到计算机系统接口设备,一个 BCD 码输入模拟量一般要占用 16 位数字量输入通道。

(7)数字输入事件顺序记录(SOE)量。是指将数字输入状态量定义成事件信息量,要求计算机系统接口设备记录输入量的状态变化及其变化发生的精确时间,一般应能满足 5 ms 分辨率要求。在监控系统中,机组或电气设备的事故信号均以 SOE 量输入,系统对 SOE 量以中断的方式响应。

(8)外部数据报文。是将过程设备或者外部系统的数据信息,以异步或同步报文通过串行口与计算机系统交换数据。

二、水电站计算机监控系统数据采集和处理的要求

水电站数据采集是计算机监控系统最基本的功能。数据采集功能的强弱会直接影响整个系统的品质。为实现计算机监控任务,水电站数据采集应该满足以下几方面的要求。

(一)实时性

(1)对电量采集实时性的要求。一般情况下,电量有效值的采样周期不应大于 1 s,最好能提高到 0.2 s,这更有利于提高系统的实时性。为了保证能准确采集电量瞬间值或波形,采样周期一般应小于 2 ms。

(2)对非电量采集实时性的要求。对那些需要作出快速反应的非电量,如轴承温度、轴振动、轴摆度、发电机气隙和流量等的采样周期应不大于 1 s,其他大多数非电量的采样周期可在 1~20 s 内选择。

(3)对数字量采集实时性的要求。数字状态点、数字报警点、脉冲累加点和 BCD 码的采样周期一般要求不大于 1 s,尽可能提高一些,将有利于提高系统实时性。对于 SOE 点的采集应有快速的响应,宜采用中断方式。

(二)可靠性

在生产过程中采集的数据往往会附带各种干扰信号,这不仅使采集数据失真,严重时可能损坏系统,因此要求对过程通道、数字接口和接地设备等硬件系统采取有效的保护措施,可靠防止干扰,同时在软件上还要分别采取放错纠错的手段。下面是《水力发电厂计算机监控系统设计规范》(DL/T 5065—2009)中规定的相应最低限度值。

模拟输入通道的抗干扰水平应达到:

(1)共模电压大于 200 VDC 或 AC 峰值。

(2)共模干扰抑制比(CMRR)大于 80 dB(直流到交流 50 Hz,测试信号从端子加入)。

(3)差模干扰抑制比(NMRR)大于 60 dB(直流到交流 50 Hz)。

(4)抗静电干扰(SMC)大于 2 kV。

数字输入通道的抗干扰水平应达到:

(1)浪涌抑制能力(SMC)大于 1 kV。

(2)抗静电干扰(SMC)大于 2 kV。

(3)防止输入接点抖动应采用硬件和软件滤波,防抖时间为 25 ms。

(4)还应防止硬件设备受电磁干扰的影响。

(三)准确性

在数据采集过程中,对模拟量数据而言,准确性就是测量精度,它是两个方面的综合值。一方面,是模/数转换精度,其中包含环境温度变化的影响;另一方面,是模拟量变换器的精度。其综合精度应满足生产过程监控的准确性要求。对于数字量,数据准确性要求除状态输入变化稳定、可靠外,对数字 SOE 点还需要有状态变化的精确时间标记,其基准时钟应满足记录精度要求。

(四)简易性

数据采集随数据类型、数据量的不同而使其复杂程度有所不同,因此数据采集设备软、硬件的配置,应具有简易性,即模件类型增减方便、维护测试容易。

（五）灵活性

随着水电厂运行和管理模式的改变,对监控系统数据采集功能和性能可能会有不同的要求或有修改变化的要求,如改变周期采样、改变采样方式、改变报警级别、改变限制值、改变死区值等,数据采集系统应能灵活设置,以满足上述变化要求。

三、水电站内常用数据通信方式

（一）信息的内容

（1）测量及状态信息:指正常和事故时各模拟量的测量值,断路器、隔离开关等位置状态,各控制装置的运行、保护等状态。

（2）操作信息:开、停机令,断路器分合令,有功无功调节,自动装置的投退。

（3）参数信息:继电保护和各种自动装置的设置参数、整定值等。

（二）通信的实现

现地 LCU 与被控设备之间采用电缆直接连接,现地 LCU 设备之间多采用 RS485、现场总线连接,现地 LCU 与主控层上位机多经通信管理机与以太网交换机连接,主控层之间通过以太网进行通信。

第三节　PLC 开关量输入、输出通道

一、开关量输入、输出通道

（一）开关量输入通道

水电站生产过程中的开关信息以数字量形式输入到计算机中,开关量元件的状态用二进制数字"0"或"1"来表示,如阀门的开、闭,电机的启停,继电器的通、断等。一般,被控对象现场开关信号通过光耦合器等输入单元进行信号转换,送 CPU 电路。电路图如图 2-4 所示。

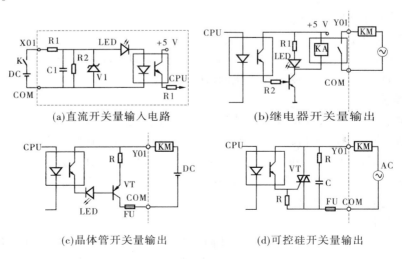

(a)直流开关量输入电路　　　　　(b)继电器开关量输出

(c)晶体管开关量输出　　　　　(d)可控硅开关量输出

图 2-4　开关量输入、输出电路

（二）开关量输出通道

CPU 输出的控制信号,经输出单元输出驱动继电器、电磁阀等执行元件。输出单元形式有继电器输出、晶体管输出、可控硅输出。继电器输出型为有触点输出方式,用于接通或断开开关频率较低的直流负载或交流负载回路,可控硅输出型为无触点输出方式,用于接通或断开开关频率较高的交流电源负载。晶体管输出型为无触点输出方式,用于接通或断开开关频率较高的直流电源负载。电路图如图 2-4 所示。

二、模拟量输入、输出通道

（一）模拟量输入通道

模拟量输入通道的主要任务就是把从现场检测到的模拟信号转换成二进制数字信号,经 I/O 接口输入计算机进行处理。在控制过程中,为了避免低电平模拟信号传输带来麻烦,经常要将传感器的输出信号经变送器进行变换,如将温度、压力或流量的电信号转换成 4～20 mA 的标准信号。

模拟量输入通道的一般组成（如图 2-5 所示）及作用。

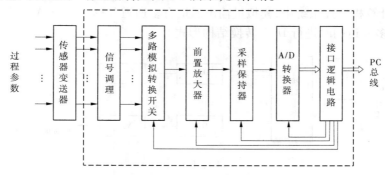

图 2-5　模拟量输入通道结构组成

1. 传感器、变送器

传感器是把如温度、压力、位移、流量、转速等非电气量转换成相应的电信号。变送器把传感器电信号转换成 0～5 V、0～10 V 或者 4～20 mA 的标准电信号,便于 A/D 进行模/数转换。

2. 信号调理

数据采集系统需要从相关的传感器取得信息,但是这些传感器的二次侧电路或者电压量不能适应模/数转换器(即 A/D 转换器)的输入范围要求,故需将电压或电流变换成满足 A/D 转化器量程要求的电压。

3. 多路转换开关

多路输入模拟量共用一个 A/D,中间经过多路转换开关切换,模拟量多路转换开关是电子开关,是用数字电子逻辑控制模拟信号通、断的一种电路。

4. 采样保持器

当输入模拟信号变化频率较快时,为保证采样点时刻上信号采样的准确性,需要在采样开关后面接入采样保持器,由程序控制完成对快变信号的采样保持。

5. A/D 转换器

实现采样输入信号由模拟量至二进制数字量的转换,是核心元件。

A/D 转换器的性能指标:

(1)分辨率。是指 A/D 转换器对微小输入信号变化的敏感程度。分辨率越高,转换时对输入量微小变化的反应越灵敏。通常用数字量的位数来表示,如 8 位、10 位、12 位等。分辨率为 n,表示它可以对满刻度的 $1/2n$ 的变化量作出反应,即

$$分辨率 = 满刻度值/2^n$$

如 8 位:$n = 8$,满刻度值 = 100 V,分辨率 = $100/2^8$ = 0.4 V,0 ~ 100 V 对应 0 ~ 255,

$$VA = (100 - 0)/256 * DA$$

(2)转换时间。A/D 转换器完成一次转换所需的时间称为转换时间。如逐位逼近式 A/D 转换器的转换时间为微秒级(μs),双积分式 A/D 转换器的转换时间为毫秒级(ms)。

(二)模拟量输出通道

把计算机处理后的数字量信号转换成模拟量电压或电流信号,去驱动相应的执行器,达到控制的目的。一般由接口电路、数/模转换器(D/A)和电压、电流变换器等构成(见图 2-6)。在计算机监控系统中,模拟量输出通道有多通道共享一个 D/A 转换器、多路 D/A 结构形式、多通道同时进行 D/A 转换结构形式。

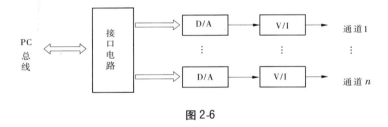

图 2-6

三、模拟量输入、输出模块 FX0N - 3A 的使用(＊实际操作、实例应用部分)

FX0N - 3A 是三菱 PLC 8 位二进制分辨率的模拟量输入、输出模块, 具有 2 通道模拟量输入和 1 通道模拟量输出的输入、输出混合模块, 可以进行 2 通道的电压输入(DC 0 ~ 10 V、DC 0 ~ 5 V)或者电流输入(DC 4 ~ 20 mA), 见图 2-7 所示。

(一)参数及端子

(1)8 位(0 ~ 255):数字值在 0 以下的固定为 0;数字值在 255 以上的固定为 255。

(2)模拟范围:DC 0 ~ 10 V、DC 0 ~ 5 V、DC 4 ~ 20 mA。

(3)数字范围:0 ~ 250。

(4)分辨率:40 mV(10 V/250)、20 mV(5 V/250)、0.064 mA((20 - 4)/250 mA)。

(5)电压信号输入:用 VIN1/COM(第 1 路)、VIN2/COM(第 2 路)按图接线。

(6)电流信号输入:用 IIN1/COM(VIN1 与 IIN1 连接,第 1 路)、IIN2/COM(VIN2 与 IIN2 连接,第 2 路)。

(7)A/D OFFSET:输入(模拟量转数字量)偏置校准电位器。

(8)A/D GAIN:输入(模拟量转数字量)增益校准电位器。

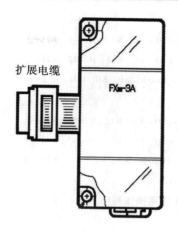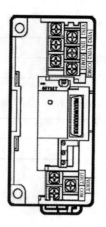

图 2-7 FX0N-3A

（9）D/A OFFSET：输出（数字量转模拟量）偏置校准电位器。

（10）D/A GAIN：输出（数字量转模拟量）增益校准电位器。

（二）电流、电压接法

FX0N-3A 电流、电压接法如图 2-8 所示。

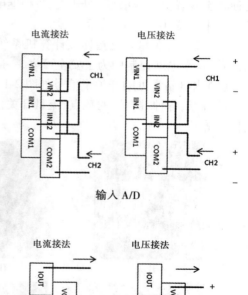

图 2-8 FX0N-3A 电流、电压接法

（三）FX0N-3A 使用操作

（1）PLC 与 FX0N-3A 正确连接。

（2）用 0~10 V 直流可调电源与 VIN1/COM。

（3）编写程序并写入 PLC 见图 2-9。

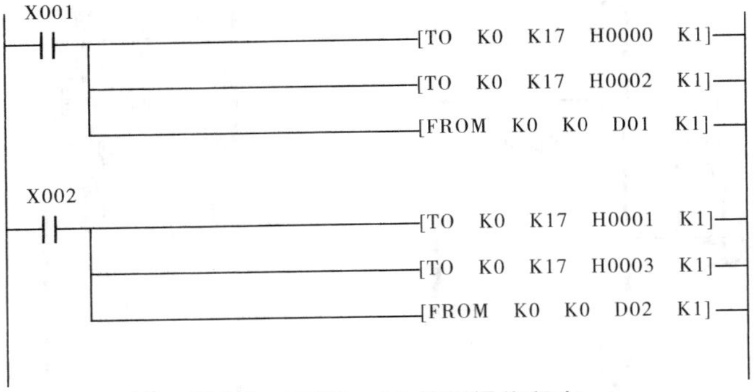

```
X001
 ┤├─┬────────────────────[TO   K0   K17   H0000   K1]─
    │                    [TO   K0   K17   H0002   K1]─
    └────────────────────[FROM  K0   K0    D01    K1]─

X002
 ┤├─┬────────────────────[TO   K0   K17   H0001   K1]─
    │                    [TO   K0   K17   H0003   K1]─
    └────────────────────[FROM  K0   K0    D02    K1]─
```

图 2-9 FX0N－3A 使用操作程序

（4）运行程序。

（5）调整 FX0N－3A 的增益及偏置微调，使 0 V 对应数字 0，使 10 V 对应数字 255。

四、水电站中常见的开关量信号、类型

（1）输入开关量（数字量）。是指连接计算机系统输入接口的开关量，是输入设备的两种状态或者位置的信号，如开关、各种继电器的触点、各种设备的辅助触点等，此类开关量一般用一位"0"或"1"表示。

（2）输出开关量。是指连接计算机系统输出接口开关量，是监视或者控制输出设备的信号，在水电站控制中为了安全可靠，一般输出开关量经过继电器隔离。

（3）水电站常见的开关量信号如图 2-10 所示，有开关、按钮、断路器、隔离开关辅助继电器的触点、各种继电器的触点、流量开关信号、主阀、旁通阀、导叶全开、全关信号、剪断销信号等。

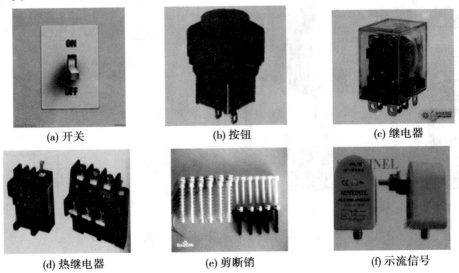

(a) 开关　　　　　　(b) 按钮　　　　　　(c) 继电器

(d) 热继电器　　　　(e) 剪断销　　　　　(f) 示流信号

图 2-10 各种开关量信号

五、水电站中常见的模拟量信号、类型

（1）输入模拟量。是指将现场具有连续变化特征的电气量和非电气量经传感器、变送器直接或经过变换后，输入到计算机系统的接口设备的物理量。适合水电站计算机监控系统的模拟量参数范围包括 0～5 V DC、0～10 V DC、0～20 mA、±20 mA、4～20 mA 等。水电站传感器、变送器有压力变送器、水位变送器、流量变送器、温度传感器、电压、电流变送器等，如图 2-11 所示。

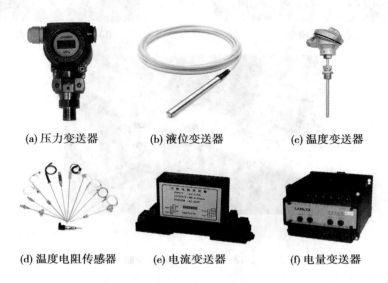

(a) 压力变送器　　　(b) 液位变送器　　　(c) 温度变送器

(d) 温度电阻传感器　　(e) 电流变送器　　　(f) 电量变送器

图 2-11　常见模拟量信号

Pt100 是铂热电阻，它的阻值跟温度的变化成正比。Pt100 的阻值与温度变化的关系为：当 Pt100 温度为 0 ℃时它的阻值为 100 Ω，在 100 ℃时它的阻值约为 138.5 Ω。它的工业原理为：当 Pt100 在 0 ℃的时候它的阻值为 100 Ω，它的阻值会随着温度上升而成匀速增长。

（2）输出模拟量。是指计算机系统接口设备输出的模拟量，水电站中适用的典型参数为 4～20 mA 或 0～10 V DC。

第四节　水箱 PLC 自动控制实例（实际操作部分）

水箱 PLC 自动控制主要设备包括 PC 计算机 1 台、PLC 实验台 1 台、水箱压力检测实验设备 1 台（见图 2-12）。

一、功能

（1）当水箱水位低于 2 cm 时，自动启动水泵提水。

（2）当水箱水位高于 15 cm 时，自动停水泵。

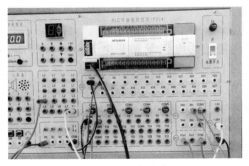
(a)PLC 实验台

(b) 水箱压力检测实验设备

(c) 实验设备连接

图 2-12　水箱 PLC 自动控制

（3）具有手动功能。

（4）能实行计算机远程监控。

（5）可在计算机上进行动画演示。

二、设备连接与编程

（1）连接 PLC 模拟量模块端子 IIN1/COM1 与水箱压力变送器；

（2）连接 PLC 模拟量模块端子 VOUT1/COM1 与水箱控制输入压力变送器；

（3）连接 PLC 输入、输出端子与开关、指示灯；

（4）连接计算机数据线与 PLC 编程端口；

（5）在计算机上编写控制程序并上传 PLC；

（6）运行计算机上监控程序，画面如图 2-13 所示。

三、PLC 原理接线图

PLC 原理接线图见图 2-14。

四、I/O 地址表

I/O 地址表见表 2-1。

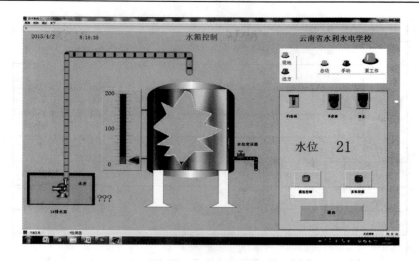

图 2-13　水箱 PLC 自动控制监控画面

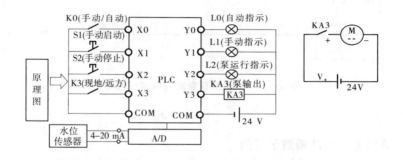

图 2-14　水箱 PLC 自动控制监控原理接线图

表 2-1　I/O 地址表

输入设备			输出设备		
X0	K0 开关	自动（手动）	Y0	L0 指示灯	自动指示灯
X1	S1 按钮	启动（手动）	Y1	L1 指示灯	手动指示灯
X2	S2 按钮	停止（手动）	Y2	L2 指示灯	泵工作指示灯
X3	K3 开关	现地/远方控制	Y3	KA3	启动水泵

五、PLC 程序

PLC 程序见图 2-15。

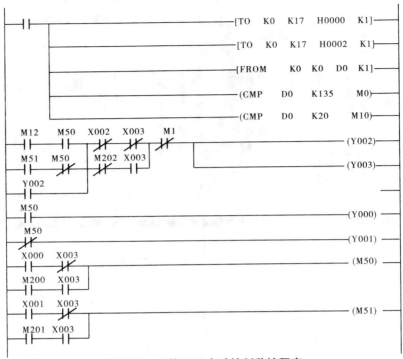

图 2-15　水箱 PLC 自动控制监控程序

六、控制操作

(一)计算机监控和动画演示画面

计算机监控和动画演示画面见图 2-13。进入监控程序,选模拟控制,动画演示水箱水位的控制过程。

(二)监控控制

1. 现地/远方

(1)现地用于控制台上的开关操作。

(2)远方用于监控计算机上的开关操作。

2. 自动操作

按 K0 选自动控制,水泵会根据设定的水位自动启动、停止供水。

3. 手动操作

按 K0 选手动控制,按 S1/S2 按钮开关,手动控制水泵启动、停止供水。

习　题

1. 水电站数据采集的主要对象有哪些? 分别是哪些参数?

2. 水电站对数据采集的要求有哪些? 简要说明数据采集处理的过程。

3. 在模拟量的输入、输出通道中,各元件的作用是什么?

4. PLC 等效电路有哪几部分组成? 各部分的作用是什么?

第三章 水电站机组 LCU 现地监控单元内容、工作原理及操作

【教学内容】

1. 机组现地单元的组成、监控内容、工作原理。
2. 机组现地单元监控操作。
3. 模拟监控软件操作。

【知识目标】

1. 掌握机组 LCU 现地监控单元内容。
2. 熟悉机组现地监控单元的组成、工作原理、接线。

【技能目标】

1. 掌握机组 LCU 现地监控单元监测的基本操作。
2. 掌握机组 LCU 现地监控单元自动开机、关机流程和基本操作。

水电站计算机监控结构分 3 个层次：主控管理层、现地控制层、通信层。

主控管理层：一般由若干工业控制 PC 机组成，包含操作员站/主控机、数据服务器、通信机等，通过网络与现地连接。主控管理层对全厂数据进行采集、加工处理，负责集中、统一对全厂设备进行监控管理，是全厂的"指挥中心"。

现地控制层（现地控制单元 LCU）：机组现地单元是多微机系统，以 PLC 为控制核心，主要由 PLC、电参数测量仪、温度巡检仪、微机保护、准同期装置等组成，面向被控设备，直接与被控设备相连，完成水轮机、发电机及附属设备（主阀、调速器、励磁系统）的监测、控制、调节、保护，同时在 PLC 的触摸屏上等现地显示。机组现地单元通过通信层与上位机交换数据，上传数据和接收上位机的指令。

第一节 机组现地监控单元监测内容、方法、原理

一、测量内容

机组测量主要包括电量和非电量测量，具体内容画面见图 3-1，主要内容包括以下几点。

（1）机组三相电压、电流、频率、有功功率、无功功率，一般由电参数测量仪完成。

（2）励磁电压、电流，一般由 PLC 完成。

（3）转速、频率，由转速测控仪完成。

（4）定子、转子、轴承等的温度，由温度巡检仪完成。

（5）技术供水、蜗壳压力、调速器油压、导叶开度等（可选），一般由 PLC 完成。

遥测数据

发电机有功功率	2 013.45	kW	备用
发电机无功功率	1 450.55	kVA	备用
发电机电压	98.04	V	备用
技术供水压力	6.42	MPa	备用
备用			备用
备用			备用

上菜单

遥信数据一

开机	○	主阀自动位置		综合电气保护动作	○
停机		主阀全开		发电机断路器合位	
现地	●	主阀电源正常		转速小于5%	○
远方	○	冷却水电动阀全开		转速小于35%	○
开环运行		旁通阀全开		转速大于80%	○
紧急停机		备用	○	转速大于95%	●
紧停复归	○	备用		转速大于115%	○
主阀平压	●	发电机保护屏紧停		转速大于140%	○

下一页

遥信数据二

温度升高		调速器手动位置	○	灭磁开关合位	○
温度过高		调速器自动位置	●	灭磁开关分位	●
自动准同期投入		调速器故障	○	励磁故障	○
同期失败		冷却水电动阀全开	○	预告报警	○
上导轴承冷却水中断	●	旁通阀全开	○	事故报警	○
下导轴承冷却水中断	○	备用		备用	
空冷器冷却水中断	○	快熔未熔断	○	备用	
水导轴承冷却水中断	○	操作电源消失	○	备用	

上一页

图 3-1 测量、监测内容画面

二、状态监测的内容

状态监测的内容见图 3-1，主要包括以下几点：

（1）机组实时运行状态的监测。

（2）主阀实时运行状态的监测。

（3）调速器实时运行状态的监测。

（4）励磁实时运行状态的监测。

（5）事故、故障实时监测。

三、电量测量工作原理

电量包括交流电参数和直流电参数。交流电参数包括三相电压、三相电流、频率、有功功率、无功功率等。早期是通过各种电量变送器变成直流，经 A/D 转换成数字量传送至计算机，其优点是只采集一次，程序简单，缺点是设备多，检测精度低，故障率高。目前，多用智能交流电参数测量仪测量。智能交流电参数测量仪是以单片机为微处理器，通过软件按照一定规律直接采集交流量并加以处理，计算出所测得回路的电压、电流有效值以及有功功率、无功功率的有效值，有功电能，无功电能，频率及其他有关参数。

直流电参数包括励磁电压、励磁电流，在实际应用中，由于水轮发电机组的直流电参数较少，一般通过变送器由机组 LCU 单元中 PLC 的 A/D 模块采集、处理。对于发电机励磁电压、励磁电流，PLC 也可以直接通过微机励磁装置的通信接口读取。

（一）直流采样

采集经过变送器整流后的直流量，然后经 A/D 转换器送入主机，此方法软件设计简单、计算方便,对采样值只需进行一次比例变换,即可得到被测量的数值,采样周期短,因此在微机应用的初期,此方法得到了广泛的应用。但投资大,维护复杂,特别是不能及时反映被测量的突变,具有较大的时间常数。为了提高响应速度,变送器的时间常数应特别设计,因而不宜普遍使用。另外,测量谐波有误差,测量精度直接受变送器的精度和稳定性的影响。

鉴于以上原因,直流采样在电力系统中的应用受到限制,因此用交流采样代替直流采样是必然趋势。

（二）交流采样

随着微机技术的发展,原有的交流采样方法中算法复杂、提高精度难、对 A/D 的速度要求高等问题已得到解决,现被广泛采用,已逐步取代直流采样。交流采样的主要优点是实时性好、相对失真小、投资少、便于维护,其缺点是算法复杂,精度难以提高,对 A/D 转换速度要求较高。交流电量数字测量系统通过对时间上连续的交流量进行离散采样,获得一定数量的交流量瞬时值的采样值,再由微处理器采用某种适当的处理算法,计算出有关的交流电参量。

（三）交流电参数测量的结构

交流电参数测量的结构方式有两种,①经变送器变成直流电后采集 1 次,经 A/D 转换可得交流电的有效值,如图 3-2(a)所示;②经变换器变成适合的交流量采集次数不同时的瞬时值后,经算法计算得到有效值,如图 3-2(b)所示。

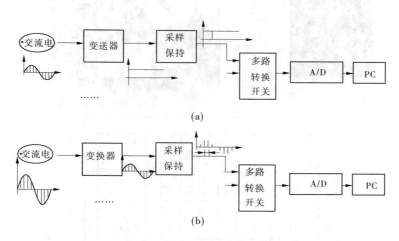

图 3-2　交流电参数测量原理图

（四）智能交流电参数测量仪工作原理

1. 原理图

智能交流电参数测量仪工作原理图如图 3-3 所示。

2. 工作原理

在 CPU 控制下,电流、电压互感器送来信号,经变换后依次进行 A/D 模数转换成数字量,完成 1 次瞬时值数据采集。将 1 个周期内经 N 次采集到的数字量经程序计算便可计算出电流、电压有效值。

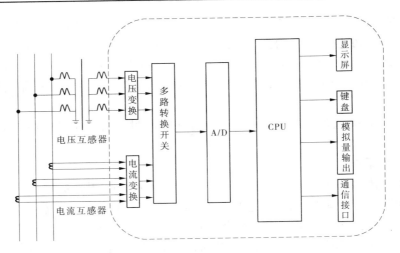

图3-3　智能交流电参数测量仪原理图

四、机组现地单元监测实际操作

（一）用 SM－2000 电量测量仪操作

智能交流电参数测量仪见图3-4。

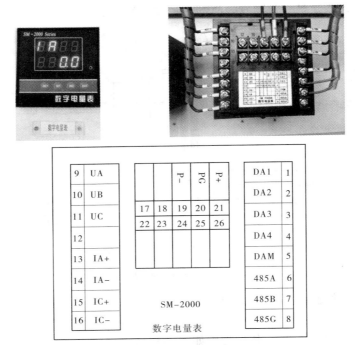

图3-4　智能交流电参数测量仪

SM－2000 系列数字电量表是集电气量测量、电气量变送、通信功能于一体的数字仪表。在正常显示时，仪表循环显示各电气量：UAB、UBC、UCA、IA、IB、IC、P、Q、PF、F。

1. 显示和按键操作

装置键盘共有 4 个按键:〈SEL〉、〈BIT〉、〈INC〉、〈ENT〉。通过操作面板上的按键可就地设定保护定值和修改各种参数以及进行各种控制操作。4 个按键的功能如下。

(1)〈SEL〉键:在正常显示时,按〈SEL〉键进入输入密码画面;在定格显示时,按〈SEL〉键退出到循环显示;在设置过程中〈SEL〉键用于放弃对参数的修改,返回到上一级菜单。

(2)〈BIT〉键:在正常循环显示时,按〈BIT〉键定格显示上一个量的实时值;在进行参数项选择时,用于向上选择要修改的参数项;在进行参数修改时,用于移动需修改的数据位,选中的数据位每 0.5 s 闪烁一次。

(3)〈INC〉键:在正常循环显示时,按〈INC〉键定格显示下一个量的实时值;在进行参数项选择时,用于向下选择要修改的参数项;在进行参数修改时,用于修改需修改的数据位,对应的数值递增,范围为 0~9。

(4)〈ENT〉键:在正常循环显示时,按〈ENT〉键快速进入开入量状态显示;在定格显示时,按〈ENT〉键退出到循环显示;在进行参数项选择时,用于确认要修改的参数,选中后参数值的个位每 0.5 s 闪烁一次,按〈BIT〉键和〈INC〉键进行移位及修改;在进行参数值修改时,用于确认修改参数值,确认后显示停止闪动。

2. SM - 2000A 仪表接线认识和操作

SM - 2000A 仪表接线认识和操作见表 3-1。

表 3-1　SM - 2000A 仪表接线认识和操作

序号	端子定义	端子说明	备注
模拟量输出端子			
1	DA1	第一路 DA	模拟量输出
2	DA2	第二路 DA	模拟量输出
3	DA3	第三路 DA	模拟量输出
5	XGND	DA 输出公共端	
RS485 通信接线端子			
6	485A	RS485	信号 A
7	485B	RS485	信号 B
8	485G	RS485	信号地
电压输入端子			
9	UA	A 相电压输入	接输入 TV 二次电压 (输入电压为 100 V 线电压)
10	UB	B 相电压输入	接输入 TV 二次电压 (输入电压为 100 V 线电压)
11	UC	C 相电压输入	接输入 TV 二次电压 (输入电压为 100 V 线电压)

续表 3-1

序号	端子定义	端子说明	备注
电流输入端子			
13	IA +	A 相电流输入	接 TA 二次电流(5 A)
14	IA –	A 相电流输出	接 TA 二次电流(5 A)
15	IC +	C 相电流输入	接 TA 二次电流(5 A)
16	IC –	C 相电流输出	接 TA 二次电流(5 A)
仪表电源输入端子			
19	P –	仪表电源输入	
20	PG	仪表接地点	
21	P +	仪表电源输入	

3. 设置参数操作(PASS = 1111)

正常显示时,按〈SEL〉键进入密码设置窗口,输入密码 1111,即可进入监控参数设置菜单,见表 3-2。

表 3-2 设置参数操作

序号	显示符号	参数设置内容	设置范围
1	Add	站号 2 ~ 99	
2	bd	波特率	300、600、1 200、2 400、4 800、9 600、19 200
3	PT	TV 变比	0.1 ~ 999.9
4	CT	TA 变比	0.1 ~ 999.9
5	FS	使用频率	50 Hz/60 Hz
6	4P	DA 4 mA	输出对应的有功值 – 999 ~ 999
7	20P	DA 20 mA	输出对应的有功值 – 999 ~ 999
8	4q	DA 4 mA	输出对应的无功值 – 999 ~ 999
9	20q	DA 20 mA	输出对应的无功值 – 999 ~ 999

(二)SM – 2000 频率表操作

SM – 2000 转速测控仪见图 3-5。

SM – 2000 转速测控仪用于测量和显示发电机的转数、频率(具有残压测速(U1,U2)和编码测速(KI,XGND)功能)。

仪表带有 7 轮转速控制出口(电子开关 AC250V/50mA),7 轮转速定值可现场设置,一般为 5%、35%、80%、95%、105%、140%、170%。1 ~ 3 轮出口在频率大于设定值 0.5 Hz 时返回 5%、35%、80%;4 ~ 7 轮出口在频率小于设定值 0.5 Hz 时返回 95%、105%、140%、170%。

9	TCOM					24 V	1
10	T7		P-	PG	P+	DA	2
11	T6	17	18	19	20	21	
						XGND	3
12	T5	22	23	24	25	26	KI	4
13	T4				U2	U1		5
14	T3							
15	T2					485A	6
			SM-2000			485B	7
16	T1		转速测控仪			485G	8

图3-5　SM-2000 转速测控仪

模拟量输出:1 路 4~20 mA 的 DA 输出,0.00 Hz 对应 4 mA 输出,100.00 Hz 对应 20 mA 输出;采用 RS-485、MODBUS-RTU 协议,通信波特率可设(300,600,1 200,2 400,4 800,9 600,19 200)。

1. 显示和按键操作

装置键盘共有 4 个按键:〈SEL〉、〈BIT〉、〈INC〉、〈ENT〉。通过操作面板上的按键可就地设定保护定值和修改各种参数以及各种控制操作。4 个按键的功能如下:

(1)〈SEL〉键:在正常显示时,按〈SEL〉键进入输入密码画面;在定格显示时,按〈SEL〉键退出到循环显示;在设置过程中用于放弃对参数的修改,返回到上一级菜单。

(2)〈BIT〉键:在正常循环显示时,按〈BIT〉键定格显示上一个量的实时值;在进行参数项选择时,用于向上选择要修改的参数项;在进行参数修改时,用于移动需修改的数据位,选中的数据位每 0.5 s 闪烁一次。

(3)〈INC〉键:在正常循环显示时,按〈INC〉键定格显示下一个量的实时值;在进行参数项选择时,用于向下选择要修改的参数项;在进行参数修改时,用于修改需修改的数据位,对应的数值递增,范围为 0~9。

(4)〈ENT〉键:在正常循环显示时,按〈ENT〉键快速进入开入量状态显示;在定格显示时,按〈ENT〉键退出到循环显示;在进行参数项选择时,用于确认要修改的参数,选中后参数值的个位每 0.5 s 闪烁一次,按〈BIT〉键和〈INC〉键进行移位及修改;在进行参数值修改时,用于确认修改参数值,确认后显示停止闪动。

2. 仪表接线认识和操作

SM - 2000 频率表接线认识和操作见表 3-3。

表 3-3　SM - 2000 频率表接线认识和操作

序号	端子定义	端子说明	备注
RS485 通信接线端子			
6	485A	RS485	信号 A
7	485B	RS485	信号 B
8	485G	RS485	信号地
电压输入端子			
25	U_1	电压输入	接输入 TV 二次电压（输入电压为 100 V 线电压）
26	U_2	电压输入	接输入 TV 二次电压（输入电压为 100 V 线电压）
转速控制出口端子			
10	T7	转速大于 170% 输出	用于 PLC 开停机控制
11	T6	转速大于 140% 输出	用于 PLC 开停机控制
12	T5	转速大于 105% 输出	用于 PLC 开停机控制
13	T4	转速大于 95% 输出	用于 PLC 开停机控制
14	T3	转速小于 80% 输出	用于 PLC 开停机控制
15	T2	转速小于 35% 输出	用于 PLC 开停机控制
16	T1	转速小于 5% 输出	用于 PLC 开停机控制
仪表电源输入端子			
19	P -	仪表电源输入	
20	PG	仪表接地点	
21	P +	仪表电源输入	

(三) SM - 2000 温度巡检仪操作

SM - 2000 温度巡检仪操作图见图 3-6。

用于测量和循环显示机组各部位温度(1~12 路电阻型温度的测量,为两线制输入方式)。

(1)带有温度传感器引线断线检测功能。当测量温度超过 200 ℃时,则认为温度传感器引线断线。

(2)直接设置温度校准的 0 ℃及 100 ℃电阻值。

(3)控制输出。共两路独立继电器空接点输出,可用于温度越限报警输出。

(4)采用 RS - 485、MODBUS - RTU 协议。通信波特率可设(300,600,1 200,2 400,4 800,9 600,19 200)。

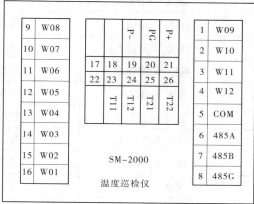

图 3-6　SM - 2000 温度巡检仪操作图

1. 显示和按键操作

装置键盘共有 4 个按键：〈SEL〉、〈BIT〉、〈INC〉、〈ENT〉。通过操作面板上的按键可就地设定保护定值和修改各种参数以及各种控制操作。4 个按键的功能如下。

（1）〈SEL〉键：在正常显示时，按〈SEL〉键进入输入密码画面；在定格显示时，按〈SEL〉键退出到循环显示；在设置过程中用于放弃对参数的修改，返回到上一级菜单。

（2）〈BIT〉键：在正常循环显示时，按〈BIT〉键定格显示上一个量的实时值；在进行参数项选择时，用于向上选择要修改的参数项；在进行参数修改时，用于移动需修改的数据位，选中的数据位每 0.5 s 闪烁一次。

（3）〈INC〉键：在正常循环显示时，按〈INC〉键定格显示下一个量的实时值；在进行参数项选择时，用于向下选择要修改的参数项；在进行参数修改时，用于修改需修改的数据位，对应的数值递增，范围为 0~9。

（4）〈ENT〉键：在正常循环显示时，按〈ENT〉键快速进入开入量状态显示；在定格显示时，按〈ENT〉键退出到循环显示；在进行参数项选择时，用于确认要修改的参数，选中后参数值的个位每 0.5 s 闪烁一次，按〈BIT〉键和〈INC〉键进行移位及修改；在进行参数值修改时，用于确认修改参数值，确认后显示停止闪动。

2. 仪表接线认识和操作

SM - 2000 温度巡检仪表接线认识和操作见表 3-4。

表 3-4　SM – 2000 温度巡检仪表接线认识和操作

序号	端子定义	端子说明	备注
RS485 通信接线端子			
6	485A	RS485	信号 A
7	485B	RS485	信号 B
8	485G	RS485	信号地
温度电阻输入端子			
1	W09	温度 9 路输入	接温度电阻传感器
2	W10	温度 10 路输入	接温度电阻传感器
3	W11	温度 11 路输入	接温度电阻传感器
4	W12	温度 12 路输入	接温度电阻传感器
9	W08	温度 8 路输入	接温度电阻传感器
10	W07	温度 7 路输入	接温度电阻传感器
11	W06	温度 6 路输入	接温度电阻传感器
12	W05	温度 5 路输入	接温度电阻传感器
13	W04	温度 4 路输入	接温度电阻传感器
14	W03	温度 3 路输入	接温度电阻传感器
15	W02	温度 2 路输入	接温度电阻传感器
16	W01	温度 1 路输入	接温度电阻传感器
5	COM	温度输入公共端	
温度控制输出:共 2 路独立继电器空接点输出,可用于温度越限报警输出			
23	T11	温度 1 越限报警输出	
24	T12	温度 1 越限报警输出	
25	T21	温度 2 越限报警输出	
26	T22	温度 2 越限报警输出	
仪表电源输入端子			
19	P –	仪表电源输入	
20	PG	仪表接地点	
21	P +	仪表电源输入	

3. 铂电阻 Pt100

Pt100 在 0 ℃ 的时候的阻值为 100 Ω,它的阻值会随着温度上升成匀速增长,与温度之间的关系接近于线性。

第二节　机组现地监控单元控制的内容和原理

一、控制的内容

控制的内容主要有自动开、停机控制,自动同期并网,断路器分、合控制,紧急停机控制,手动控制。

水轮发电机组现地控制单元(LCU)由机组自动控制屏、调速器控制屏、励磁系统控制屏等组成,其控制核心是可编程控制器(PLC)及其人机接口界面(触摸屏或一体化工控机)。用来完成对机组的自动开停机控制,事故紧急停机,机组有功、无功的闭环调节,机组事故报警等,并将采集的开关量和模拟量信息通过 PLC 通信模块传送至上位机。

水轮发电机组 LCU 可接收当地紧急停机按钮、触摸屏触摸键(一体化工控机)的操作控制和来自上位机的开、停机及有功、无功自动调节等控制命令。

二、监控原理

(一)机组监控 PLC 原理结构图

机组监控 PLC 原理结构图见图 3-7。

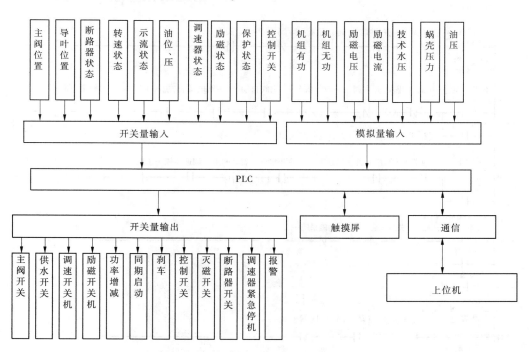

图 3-7　机组监控 PLC 原理结构图

机组监控的核心设备是 PLC,PLC 输入开关量信号有水轮发电机、辅助设备、附属设备、一次设备电气主接线上的各种位置及保护等各种状态信号,模拟量信号有机组有功功率、无功功率、励磁电压、励磁电流、技术供水压力等信号。PLC 输出开关量信号有主阀开启、关闭,技术供水的开启、关闭,调速器、励磁系统开机、关机,功率增减等信号。PLC 对采集的各种信号通过程序进行分析和处理,用来完成机组的自动开停机、事故紧急停机、机组有功无功调节、机组事故报警等操作,并将采集的输入量信息通过通信模块送至上位机。机组 LCU 可接收当地紧急停机按钮、触摸屏的操作控制和来自上位机的开停机及有功、无功自动调节等控制命令。

（二）PLC 部分程序

PLC 部分程序见图 3-8。

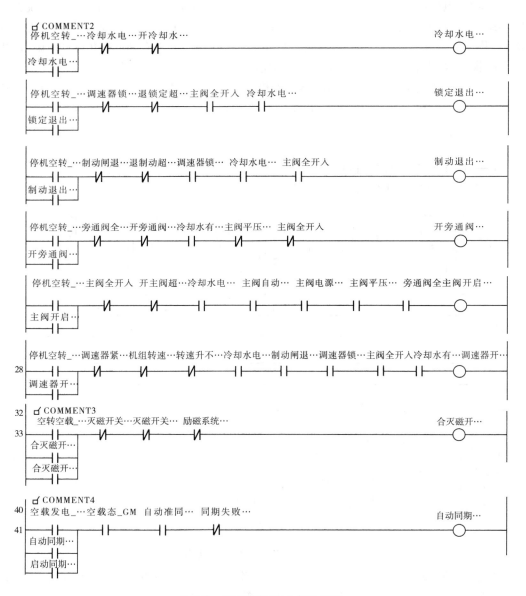

图 3-8　机组监控 PLC 部分程序

（三）水电站内常用数据通信方式

1. 信息的内容

（1）测量及状态信息：正常和事故时各模拟量的测量值，断路器、隔离开关等位置状态，各控制装置的运行、保护等状态。

（2）操作信息：开、停机令，断路器分合令，有功无功调节，自动装置的投退。

（3）参数信息：继电保护和各种自动装置的设置参数、整定值等。

2. 通信的实现

现地 LCU 与被控设备之间采用电缆直接连接，现地 LCU 设备之间多采用 RS485、现场总线，现地 LCU 与主控层上位机多经通信管理机与以太网交换机连接，主控层之间通过以太网进行通信。

3. 通信管理机

水电站中存在大量的控制设备，如 PLC、调速器、励磁系统、温度巡检仪、电参数测量仪、转速测控仪、保护装置等，目前这些设备多数还是传统的 RS-232 或现场总线通信方式，还不能直接上以太网将数据上传至上位机，现普遍采用通信管理机来统一对系统内部进行通信管理。

通信管理机是高度集成的新一代嵌入式智能通信装置，具有多个独立的标准 RS-232 或 485 串行端口和一个以太网接口。串行端口具体与控制设备连接，以太网接口与以太网交换机连接，完成现地控制单元和具体控制设备间的通信，同时将数据加工处理通过以太网接口连至以太网交换机上传至上位机，同时将后台或主控站命令传递给各测控装置，实现当地或远程控制。

三、停机—开机自动控制流程

水轮发电机组自动开机流程如图 3-9 所示。首先检查开机准备条件是否满足。水轮电机组的开机准备条件一般包括机组无事故、发电机断路器在跳闸位置、机组制动解除等。开机准备灯亮后，通过上位机或触摸屏发出开机命令，PLC 将自动开启主阀，主阀到达全开位置时，打开机组冷却水（技术供水）电磁阀，冷却水示流信号器给 PLC 输入信号，PLC 根据条件向调速器发开机令，待转速达 95%，向励磁装置发起励令，待电压达 85%，投入准同期装置，调速器和励磁装置控制转速和电压，一直到满足并网条件，自动闭合发电机出口端的断路器。

在开机过程中，如果机组出现故障，监控系统将自动提示报警。由于 PLC 的控制具有高可靠性，减少了常规手动操作引起的故障和事故。

机组开机并网后，通过上位机或触摸屏发调节命令，控制调速器和励磁装置分别完成机组有功和无功的自动（手动）调节。

（一）开机允许条件

开机允许条件为机组无事故，电气、水机、调速、励磁等无事故，发电机断路器分开，刹车复归，机组锁锭拔除，无维修，各设备电源正常。

（二）开机顺序

开机顺序按图 3-9 箭头指示，分步完成。

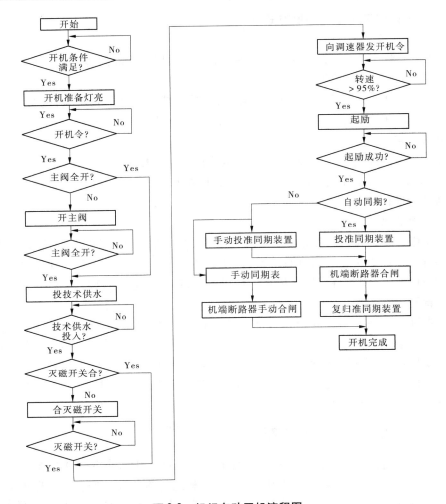

图 3-9　机组自动开机流程图

(三)各步执行的条件

开机按事先编好的程序,依次分步进行。上一步完成,执行本步,上一步在规定时间如未完成,不执行本步并报警处理。

四、发电—停机自动流程

机组自动停机流程如图 3-10 所示,通过上位机或触摸屏发停机令,PLC 自动将机组负荷卸至接近空载,跳开发电机断路器,同时给调速器、励磁发停机令,当转速小于 35% 时刹车,转速等于 0 时,刹车复归并切除技术供水。当剪断销被剪断时,自动关闭主阀。

五、事故停机控制流程

事故类型包括以下几点:

(1)电气事故:差动保护动作、电压过高动作、电流过大动作等。

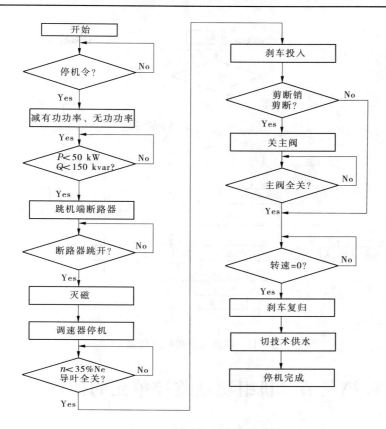

图 3-10 机组自动停机流程图

（2）机械事故：机组过速（超 140%）、剪断销断、轴温等过高、油压等过低等。

电气事故时，自动跳断路器和灭磁开关，启动正常备停机流程，非电气事故，除自动跳断路器和灭磁开关外，还要关闭主阀，控制屏上还设有紧急停机按钮，用于紧急时手动停机。

机组事故停机流程图见图 3-11。

六、调节功能

通过上位机或 LCU 现地给定数据，监控系统自动将机组出力调节至给定值。一般小型水电站，PLC 接收来自上位机或现地单元的给定数据，同时采集机组的有功和无功功率与给定值比较，分别给调速器、励磁系统发送增、减负荷脉冲直至调节至误差允许范围内。

七、机组的电气保护

机组的电气保护包括主保护和后备保护，由继电保护装置完成。保护动作信号送至 PLC，作为事故的动作信号，由 PLC 按事故停机流程处理。

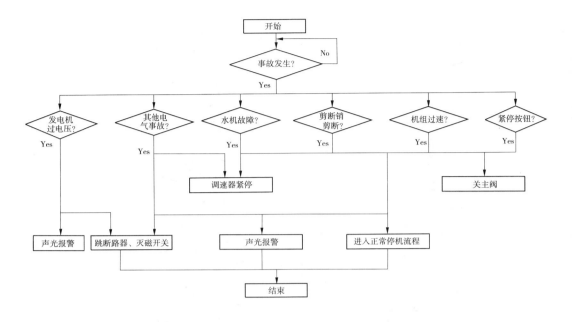

图 3-11　机组事故停机流程图

第三节　机组现地监控单元的操作

一、现地控制单元屏及 PLC

现地控制单元屏及 PLC 见图 3-12。

(a) 机组 LCU 自动化监控屏

(b) 机组 LCU 控制 PLC

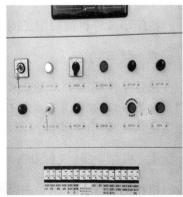

(c) 机组 LCU 控制面板开关

图 3-12　机组 LCU 监控屏

　　机组 LCU 现地控制单元由机组自动控制屏、调速器控制屏、励磁系统控制屏等组成。机组自动控制屏是核心控制屏，一般由 PLC、触摸屏、电参数测量仪、温度巡检仪、转速测控仪、同期仪表、通信管理机、面板开关等组成。

　　PLC 为 GE90－30，电源模块为 WR331，CPU 为 CPU350，通信模块为 CMM311 485 通信方式连接通信管理机，开关量输入模块为 2 块 32 点 MDL655 连接开关量，开关量输出模块为 32 点 MDL753 连接输出继电器，模拟量输入模块为 4 点 ALG221 连接励磁电压、电流、机组有功、无功功率。

二、PLC 原理接线图

　　PLC 原理接线图如图 3-13 ~ 图 3-16 所示。

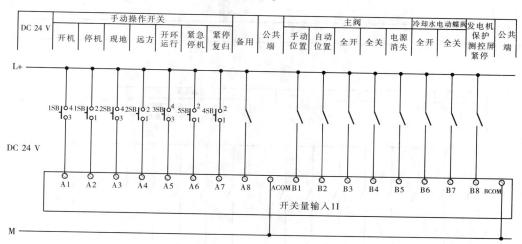

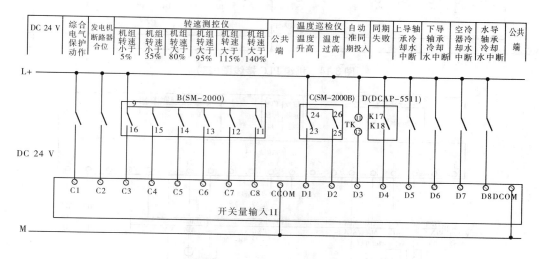

图 3-13　机组 PLC 接线图（一）

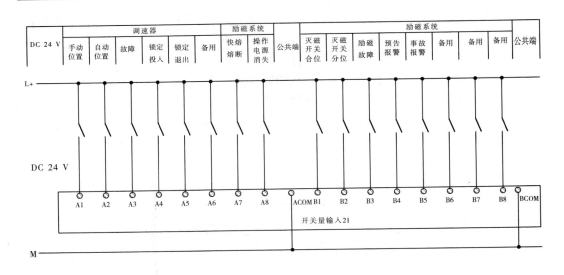

DC 24 V	调速器						励磁系统		公共端	励磁系统								公共端
	手动位置	自动位置	故障	锁定投入	锁定退出	备用	快熔熔断	操作电源消失		灭磁开关合位	灭磁开关分位	励磁故障	预告报警	事故报警	备用	备用	备用	

开关量输入2I

（端子：A1 A2 A3 A4 A5 A6 A7 A8 ACOM B1 B2 B3 B4 B5 B6 B7 B8 BCOM）

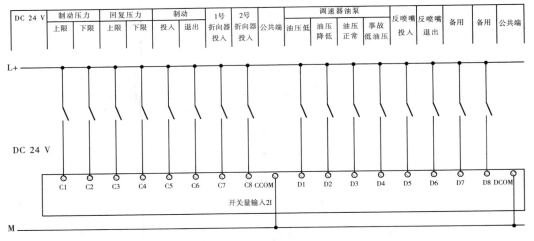

DC 24 V	制动压力		回复压力		制动		1号折向器投入	2号折向器投入	公共端	调速器油泵				反喷嘴投入	反喷嘴退出	备用	备用	公共端
	上限	下限	上限	下限	投入	退出				油压低	油压降低	油压正常	事故低油压					

开关量输入2I

（端子：C1 C2 C3 C4 C5 C6 C7 C8 CCOM D1 D2 D3 D4 D5 D6 D7 D8 DCOM）

图 3-14　机组 PLC 接线图（二）

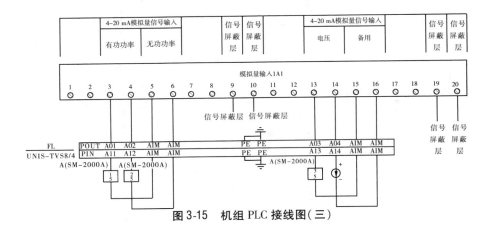

图 3-15　机组 PLC 接线图（三）

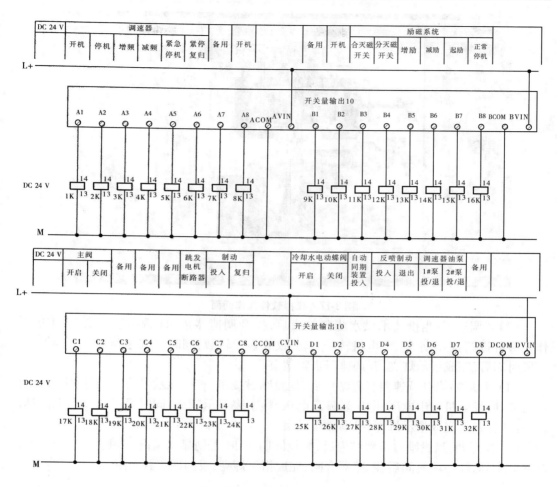

图 3-16　机组 PLC 接线图(四)

三、水轮发电机组开机过程模拟动画操作

安装水轮发电机组运行、监控模拟系统软件,该模拟系统可实现水电站机组的模拟开机工作过程,可选择手动分步操作或全自动开机操作(见图 3-17)。

(一)自动开机操作

鼠标点击自动开机按钮,系统自动完成开机流程。

(二)手动分步控制操作

鼠标点击手动开机按钮,再按下列步骤、顺序操作,手动完成开机流程。

(1)开主阀:按开主阀按钮,主阀设备打开,水在管道、蜗壳中流动,水液面逐渐上升,同时流程中开主阀步骤框闪烁,经一段时间后水满,完成指示灯亮,开主阀步骤结束。

(2)投技术供水:当主阀全开后,按开冷却水按钮(否则显示错误,不能操作),冷却水阀门打开,水流入冷却器,冷却器中水上升,投技术供水步骤框闪烁,经一段时间后水满指示灯亮,投技术供水步骤结束。

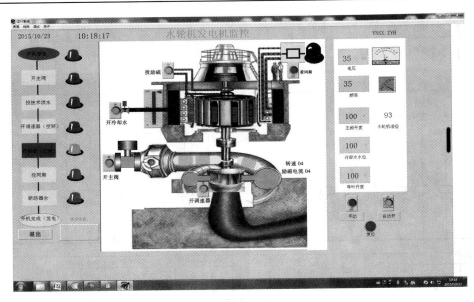

图 3-17　模拟软件操作画面

（3）开调速器：当投技术供水步骤结束后，按开调速器按钮（否则显示错误，不能操作），导叶逐渐打开，水轮、发电机转子旋转，仪表显示转数，同时开调速器步骤框闪烁，经一段时间后，完成指示灯亮，开调速器步骤结束。

（4）投励磁：当开调速器步骤结束后，按投励磁按钮（否则显示错误，不能操作），励磁电流流动，发电机发出电压，电压表显示电压，频率表显示频率，同时投励磁步骤框闪烁，经一段时间后，完成指示灯亮，投励磁步结束。

（5）投同期：当投励磁步骤结束后，按投同期按钮（否则显示错误，不能操作），投励磁步骤框闪烁，经一段时间后，断路器合闸，完成指示灯亮，投同期步骤结束。

四、水轮发电机组自动开机实际操作

在机组无事故、各控制屏正常的情况下进行操作。

（一）上位机自动开机操作

（1）置现地/远方为远方。

（2）在上位机上登录用户名、输入密码。

（3）在上位机上点击开机令。

机组按图 3-9 所示水轮发电机组自动开机流程自动完成开机操作，可在现地控制屏及上位机上监视开机过程。

（二）现地自动开机操作

（1）置现地/远方为现地。

（2）在触摸屏上登录用户名、输入密码。

（3）在触摸屏上按开机令（或面板上开机按钮）。

机组按图 3-9 所示水轮发电机组自动开机流程自动完成开机操作，可在现地控制屏及上位机监视开机过程。

习　题

1. 直流采样和交流采样各有何优缺点？主要体现在哪些方面？
2. 现地控制单元的作用有哪些？它的控制对象有哪些？
3. 在水电站中，通信管理机的原理与作用是什么？
4. 机组 LCU 单元 PLC 输入、输出信号的种类有哪些？
5. 机组自动开、关机流程是什么？
6. 模拟和现场自动开、关机操作，观察其工作过程。

第四章　水电站升压站、公用辅助设备现地单元监控内容及操作

【教学内容】

　　1. 认识升压站在水电站中的作用。

　　2. 掌握公用辅助设备监控原理、方法。

【知识目标】

　　1. 熟悉开关站监控的主要内容。

　　2. 熟悉公用辅助设备监控的主要内容和原理。

【技能目标】

　　1. 能完成升压站、公用附属设备的监控操作。

　　2. 掌握 PLC 控制集水井排水泵电路的控制电路和操作。

第一节　水电站升压站概述

　　水电站升压站主要是接收和分配水轮发电机组发出的电能,经升压后向电网或负荷点供电的高压配电装置所在的场所。一般的中小型水电站的升压站由变压器、开关设备、隔离开关、互感器、避雷器、母线装置和有关建筑结构等组成,如图 4-1 所示。

图 4-1　中小型水电站升压站

　　电能经过主变压器升高至规定的电压后,通过升压站进行远距离输电。这样有利于减小电能在较远输电线路上传输造成的损耗。

　　升压站装设主变压器的地方有屋外布置和屋内布置两类布置方式。

　　(1)屋外布置。根据水电站厂房的形式、电站容量大小和枢纽布置的特点,有的布置在厂房与大坝之间,有的在尾水平台上,有的在主厂房的一端或顶部,也有布置在靠近主厂房的山坡之上的。

　　(2)屋内布置。对地下式和坝内式厂房,目前趋向于布置在平行于主厂房的地下洞室或坝内廊道内。如果升压站也布置在地下洞室内,变压器场应紧靠开关站并用隔墙分隔。

　　水电站主变压器场,一般应尽可能靠近主厂房,以缩短发电机电压母线,减少电能损失,并应注意防火、防爆、防雷、防水雾、防雪和满足通风冷却以及便于设备运输和主变压器的安装检修等。

　　其他配电装置根据安装地点可分为屋外配电装置和屋内电气装置。升压站的电气设备主要为屋外配电装置(见图4-2)。

图4-2　中小型水电站升压站户外配电装置

　　屋外配电装置根据电气设备和母线高度又可分为低型、中型、半高型和高型。①低型布置:电气设备直接放在地面基础上,母线布置的高度也比较低,为了保证安全距离,设备周围设有围栏。低型布置由于占地面积大,在水电站中很少采用。②中型布置:所有电气设备装在一定高度的支架上,使带电部分对地保持必要高度,母线布置水平高于电气设备的水平面。中型布置在中国水电站中具有较成熟的运行经验,已普遍采用。③半高型和高型布置:电气设备和母线分别装在几个不同高度的水平面上,并且重叠布置。将母线与断路器、电流互感器等重叠布置称为半高型。将一组母线及母线隔离开关与另一组母线及母线隔离开关重叠布置称为高型布置。高型布置的缺点是钢材消耗大,操作和检修不方便。半高型布置的缺点也类似。但高型布置的最大优点是占地少,一般约为中型布置的一半,由于逐渐妥善地解决了操作和检修困难的技术问题及适应于水电站枢纽地形陡峻的条件,因此在水电站已广泛采用。有时还根据地形条件采用不同地面高程的阶梯型布置,以进一步减少占地和节省开挖工程量。

　　也有部分水电站结合电站枢纽布置的特点,将110 kV和220 kV电气设备布置在屋内,各种间隔距离比屋外布置小,故占地面积也小。其土建费用比屋外布置高,且建设时间长,但它不受恶劣气候影响。有时为降低建筑费用将部分设备仍放在屋外。当水电站的开关站布置在地下或坝内时,称洞内布置,也属于屋内布置(如图4-3所示)。

图4-3　中小型水电站升压站户内配电装置

对于中小型水电站配电装置布置受到空间限制时,也以 SF₆ 全封闭组合电器所组成的高压配电装置作为电站的主要配电设备。SF₆ 全封闭组合电器是以 SF₆ 气体作为绝缘和灭弧介质,以优质环氧树脂绝缘子作支撑的新型成套高压电器。由母线、隔离开关、接地开关、互感器、避雷器、电缆终端等各元件制成不同接线的标准独立结构,即可适应不同主接线的配电装置。它的优点是占地面积和占空间都更小,运行安全可靠,检修间隔周期长,噪声低,更适用于深山峡谷的大型水电站和屋内配电装置,如图4-4所示。

图4-4　GIS 组合电器配电装置

第二节　升压站、公用设备现地监控单元的主要内容

一、监控的任务

水电站中升压站现地监控单元的任务是根据电力系统的要求和升压站的运行方式，完成对站内110 kV线路、110 kV母线、主变压器、35 kV线路、站用变压器、SVG装置、固定电容器等电气设备的自动监控和调节，主要包括以下几点：

（1）准确、及时地对整个升压站设备运行信息进行采集和处理并实时上送。

（2）对电气设备进行实时监控，保证其安全运行和管理自动化。

（3）根据电力系统调度对本站的运行要求，进行最佳控制和调节。

升压站计算机监控系统的主要作用如下：

（1）经济运行。

（2）最优发电控制。

（3）安全监视。

（4）自动控制。

（5）自动事故处理。

（6）减少运行值班人员。

根据计算机给出的有关命令，进行升压站主要断路器、隔离开关、接地刀闸等开关的操作，主接线运行方式的改变，主变的并列解列，厂用变工作方式的装换等都可以进行自动控制。

二、监控的主要内容

水电站开关站监控的主要对象有主变压器、线路、断路器、隔离开关、互感器、避雷器等一次设备；公用附属设备中有油压装置、空压机、渗漏排水泵等。一般小型水电站由一套LCU现地监测控制单元组成，其核心设备是PLC装置。如图4-5所示它们分别通过各自的网络硬件设备，在相应的软件支持下，与站控级一起连成一个计算机局域网。在水电站，主要有机组现地控制单元、公用现地控制单元和开关站现地控制单元等。升压站控制单元是计算机监控系统非常重要的一个组成部分，首先，它直接面向具体的控制对象，比如主变，户外式断路器等，把这些设备的运行情况经过必要的信息加工处理后及时向上级计算机传送；同时对各上层计算机发来的控制命令在这里最终得以实现。其次，它本身也具有对受控对象直接监测的能力，这一方面可以减轻上级计算机负担，提高系统实时性；另一方面，当上级计算机出现故障时，可以脱离上级计算机直接完成对受控对象的监测和控制，增加了系统的可靠性。

（一）主变监测内容

1. 监测内容

（1）主变的电参数：主要由电参数测量仪进行测量，具体有三相电压、三相电流、有功功率、无功功率、功率因数（如图4-6所示）。

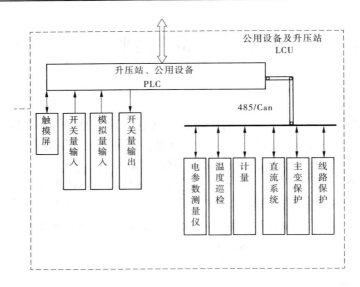

图 4-5　中小型水电站升压站典型监控结构

图 4-6　中小型水电站变压器保护测控屏

（2）温度：由温度巡检仪进行测量。

（3）断路器、隔离开关的分合状态：由现地 LCU 进行监测。

（4）变压器油位：由油位计进行测量。

2. 控制内容

（1）断路器的分合控制：属电气倒闸操作，对同期点的断路器，设计时要考虑同期点的非同期和同期合闸（停电拉闸操作必须按断路器、负荷侧隔离开关、母线侧隔离开关顺序进行，送电相反，见图4-7）。

（2）隔离开关的分合控制：隔离开关一般手动控制（也可自动控制）。

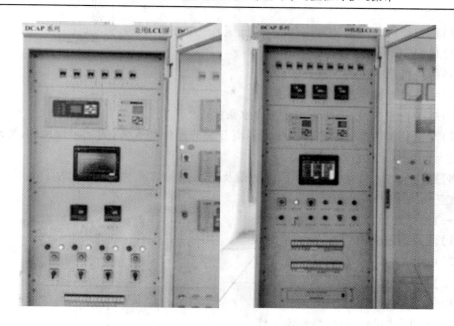

图 4-7　中小型水电站发电机组现地控制屏

（二）厂用电设备监控内容

1.监测内容

（1）厂用变压器的电参数。由电参数测量仪测量,具体有三相电压、三相电流、有功功率、无功功率、功率因数。

（2）厂用电直流电压等。

2.厂用电控制

主要控制交、直流的自动开关和接触器。

三、公用辅助设备的监控内容

公用辅助设备主要包括油、水、气系统。公用辅助设备的监控相对较独立和简单,一般自成体系,由一个小型 PLC 来完成,也可放在升压站,公用设备 LCU 单元中的 PLC 中。

（1）油系统。高压油系统主要给调速器系统、开机顶转子系统提供高压油能源;低压油系统为各轴承提供润滑油。主要由储存在油压装置中的高压油和高压压缩空气来产生较大操作能量的能源。

（2）水系统。主要是集水井渗漏排水系统。

（3）气系统。高压气系统主要用于调速器油压装置补气,低压气系统主要用于机组制动用气、机组检修密封空气围带和清扫用气。高、低压气罐分别由 PLC 控制高低压气泵启动和停机产生并保持压力。压缩空气系统是由空气压缩装置(空压机及附属设备)、管道系统和测量元件组成。其任务是及时给用户供气,并满足压缩空气的质量(气压、干燥、清洁)的要求。

水电站中使用压缩空气的设备有:

（1）油压装置压力油槽充气,水机调节系统和主阀操作系统。

（2）机组停机时制动装置用气（风闸低压）。

（3）机组作调相运行时转轮室内压水。

（4）维护维修时风动工具及吹污清扫。

（5）水轮机导轴承检修密封围带用气。

（6）蝶阀止水围带，工作压力比工作水头大。

（7）配电装置中空气断路器及气动隔离开关的操作和灭弧；为了干燥目的，要求压缩空气气压为工作压力的 2～4 倍。

（8）寒冷地区水工建筑物闸门、拦污栅及调压井等防冻吹冰工作，为了干燥目的，要求压缩空气气压应为工作压力的 2 倍。

（一）油系统监控内容

（1）油系统的油压、油位及油泵的状态。

（2）由 PLC 控制 2 台油泵轮流工作。

（二）气系统监控内容

（1）气系统的气压、气泵的状态。

（2）由 PLC 控制 2 台气泵轮流工作。

（三）油、气系统监控原理

与集水井、渗漏排水相拟，参考集水井的监控。

第三节　集水井、渗漏排水系统的监控

集水井排水装置是中小型水电站的辅助设备的重要内容之一，主要用于排除厂房渗漏水和生活污水。一般有渗漏集水井和检修集水井。

（1）渗漏集水井，就是把厂房各层渗漏水汇集在一起，到一定量后用水泵排出厂房。

（2）检修集水井，是当机组检修时，排出机组压力钢管、蜗壳、尾水管内的积水，为机组检修创造条件。

装机几千千瓦的小型水电站，一般渗漏和检修共用一个集水井。

一、监控的主要内容和要求

监控的主要内容和要求有以下几点：

（1）水泵的工作状态、集水井的水位。

（2）能够自动轮换启动和停止排水装置，工作水泵能维持正常的工作位置状态。

（3）当水位上升达到启动备用集水井排水泵时能自动投入备用设备。

（4）当备用水泵投入运行时，能同时发出警报信号。

二、工作过程

由 PLC 控制 2 台水泵轮流工作。PLC 实时采集集水井水位，2 台水泵一主一备轮换启动运行，当某一泵故障时，另一泵自动运行，并有手动运行功能。

三、工作原理

PLC 控制集水井水位 I\O 分配表,见表 4-1。集水井控制系统示意图、排水装置自动控制的电气接线图、PLC 控制原理接线图如图 4-8 ~ 图 4-10 所示,PLC 程序如图 4-11 所示。

表 4-1　PLC 控制集水井水位 I\O 分配表

PLC 输入点		PLC 内部辅助继电器		PLC 输出点		PLC 内部寄存器	
点号	内容	点号	内容	点号	内容	点号	内容
X0	1 号排水泵自动	M1	水泵轮换条件	Y0	1 号排水泵启动	D0	集水井水位值
X1	1 号排水泵运行	M2	仅 1 号泵能运行	Y1	2 号排水泵启动	D500	停泵设定水位值
X2	1 号排水泵故障	M3	仅 2 号泵能运行			D501	主泵设定水位值
X3	1 号排水泵失电	M4	水泵轮换运行			D502	备泵设定水位值
X4	2 号排水泵自动	M5	主泵启动				
X5	2 号排水泵运行	M6	备泵启动				
X6	2 号排水泵故障	M7	停泵水位				
X7	2 号排水泵失电	M8	主泵启动水位				
		M9	备泵启动水位				
		M10	1 号排水泵总故障				
		M11	2 号排水泵总故障				

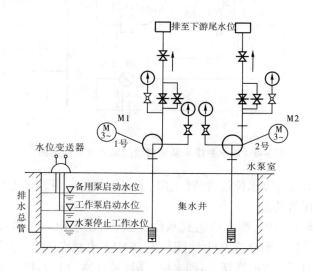

图 4-8　集水井控制系统示意图

工作原理:

D0:水位经水位变送器送 PLC 的实测值。

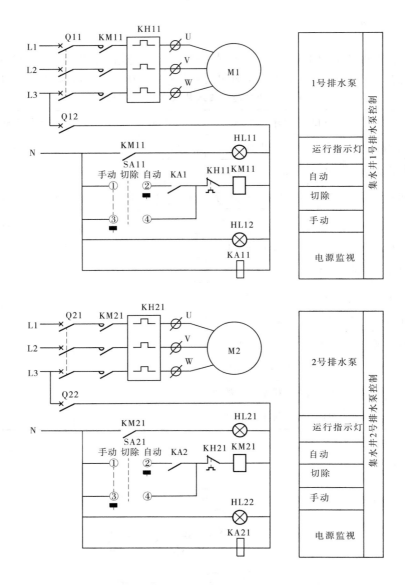

图 4-9　集水井排水装置自动控制的电气接线图

D500～D502：水泵启停水位设置值（上限、下限水位值），可通过上位机予以设定和修改。PLC 具有掉电保持功能。

自动运行：SA 至自动时，当水位达到水位上限（启动水位）时，PLC 的 Y0 输出，KA1得电动作，KA1 常开触点闭合，KM11 线圈得电，KM11 主触点闭合，水泵 M1 得电启动抽水，KM11 辅助触点闭合，指示灯亮；达到水位下限（停止水位）时，PLC 的 Y0 不输出，KA1线圈失电，KA1 常开触点断开，KM11 线圈失电，KM11 主触点断开，M1 水泵停止工作，KM11 辅助常开触点断开，指示灯熄灭。

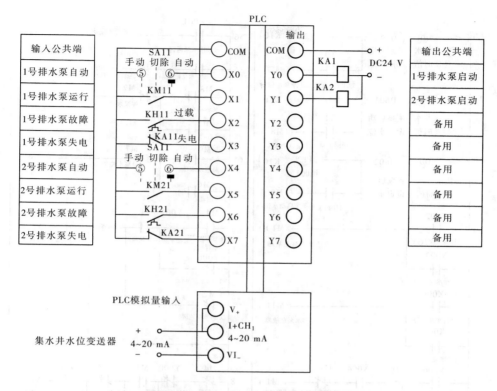

图4-10　集水井 PLC 控制原理接线图

当水位又一次达到水位上限(启动水位)时,PLC 的 Y1 不输出,KA2 得电动作,KA2 常开触点闭合,KM21 线圈得电,KM21 主触点闭合,水泵 M2 得电启动抽水,KM21 辅助触点闭合,指示灯亮;达到水位下限(停止水位)时,PLC 的 Y1 不输出,KA21 线圈失电,KA2 常开触点断开,KM21 线圈失电,KM21 主触点断开,水泵 M2 停止工作,KM21 常开辅助触点断开,指示灯熄灭;2 泵轮流工作(1 主 1 备)。

当某一泵故障时(失电、过载),另外 1 泵自动为主泵工作方式。

当水位达到上上限时,除主泵工作外,备泵也启动工作,2 台泵均启动运行。

手动运行:SA 至手动时,直接启动水泵,不受 PLC 控制。

四、模拟动画软件操作

(1)观察 2 台水泵无故障时的工作过程。

(2)观察某 1 台水泵故障时的工作过程。

(3)观察 2 台水泵无故障时,水位达上上限时的工作过程。

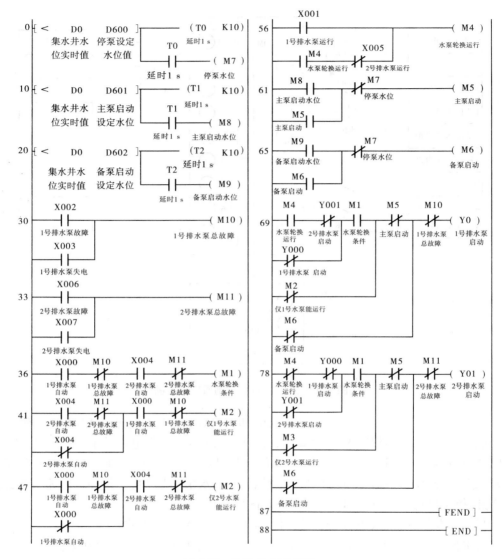

图 4-11　集水井 PLC 程序

习　题

1. 中小型水电站升压站的作用？
2. 中小型水电站升压站的监控对象有哪些？
3. 中小型水电站升压站主变电器的监控内容有哪些？
4. 中小型水电站升压站断路器、隔离开关是怎么监控的？
5. 中小型水电站集水井的作用是什么？简述其工作过程。

第五章　水电站计算机监控主控
管理层内容及操作

【教学内容】

1. 上位机基础知识。
2. 了解上位机系统的硬件系统。
3. 了解上位机系统的软件系统。
4. 上位机主要操作。

【知识目标】

1. 熟悉上位机系统的组成。
2. 了解上位机监控的工作原理。
3. 掌握上位机主要操作流程。

【技能目标】

1. 了解上位机硬件系统的各个设备作用。
2. 能通过上位机进行开停机等日常操作。

在水电厂计算机监控系统中,主控管理层中的计算机(上位机)对全厂设备进行集中监视和控制,称为厂级或厂站级监控系统。上位机是指可以通过计算机监控软件,直接对全厂设备发出操控命令的计算机,一般是 PC 或工控机。

电厂工作人员能通过上位机对机组、机组的附属设备、电厂辅助设备和部分水工设施进行集中控制或远方控制。

第一节　上位机系统的组成、功能

上位机系统主要由硬件系统和软件系统两大部分构成。

一、上位机硬件系统

上位机硬件系统如图 5-1 所示。

上位机硬件系统一般由服务器、工作站、UPS、网络和通信设备、卫星同步时钟(GPS)、防雷保护装置等组成。另外,还配有实现多媒体功能的音响、实现打印功能的图文打印机等。

(一)服务器

采集现场数据,进行分类处理、存储,形成实时数据库和历史数据库,实时数据库用于在操作员工作站画面显示,历史数据库用于问题分析与查询等。

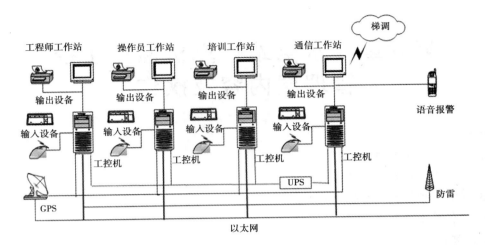

图 5-1　上位机硬件系统

（二）工作站

工作站主要是由多台工控机组成。

工控机（Industrial Personal Computer，简称 IPC），是在个人计算机（PC）的基础上进行改造，提高其抗干扰能力、具备防震能力，使之能够适应工业现场复杂、恶劣的生产环境。工控机与个人 PC 相比较，具有以下特点：

（1）可靠性高。由于电厂在生产运行期间需要长期、稳定地进行工作，对于计算机监控的电厂，一旦上位机发生故障将可能导致生产事故，而工控机具有很高的可靠性，可保持控制不间断的生产过程。

（2）环境适应性强。在电厂生产的过程中，电磁干扰严重，震动不可避免，防震抗干扰性较强的工控机是最佳选择。

（3）过程输入与输出配套好。电厂在运行中会产生大量的模拟量、开关量、脉冲量，工控机具有多种相应的输入和输出配套模板，使数据输入和输出更加方便。

工作站根据功能的不同承担的工作也不相同，主要有工程师工作站、操作员工作站、培训工作站、通信工作站、五防工作站组成。它们的主要功能如下：

（1）工程师站。处理继电保护信息，包括定值查询、定值修改、软压板投退、定值区切换、动作报告的查询、继电保护装置版本和 CRC 码的查询等。

（2）操作员工作站。对现场上送的数据进行处理、分类、汇总、分析，用于电厂运行人员对全厂设备进行监控，一般需要两台或两台以上设备，互为热备用。

（3）培训工作站。主要用于对电厂运行人员进行监控软件的系统培训。

（4）通信工作站。主要用于将现场通过网络采集的数据经处理后上送上级调度中心，从而实现与梯调（远动）进行数据传输和接受遥调。

（5）五防工作站。是一种防误操作的手段，主要通过电子钥匙进行操作、模拟，形成电子操作票，然后与监控系统相结合进行开关、刀闸的合分操作等。

（三）UPS

UPS 配电柜是由 UPS 主机、UPS 电池、微型断路器等组成的。UPS 配电柜以 UPS 主机和蓄电池为核心,配合微型断路器、端子组成一个完整的配电系统,给发电厂计算机系统和通信系统提供可靠的交流电源。

注意:监控系统配备的 UPS 不得与其他系统共用,其设计容量是根据上位机系统能在全厂断电的情况下能持续运行 48 h 设定的。

(四)网络和通信设备

以太网光纤收发器、交换机、路由器、集线器、网关(规约转换器)等,通过 RS – 432C、RS485 串行通信和以太网通信将现地控制单元、服务器、上位机连接,实现数据的实时共享和传递,操作命令的下达等。

(五)卫星同步时钟(GPS)

卫星同步时钟是指通过 GPS 系统获取时间源,经过处理以常见的接口输出。此类设备国内市场普遍称为时间服务器、NTP 网络时间服务器、同步时钟。特点是安全可靠,授时精度能达到微秒级。

(六)防雷保护装置

防雷保护装置是用以对上位机进行雷电效应防护的整套装置,由外部防雷装置、内部防雷装置两部分组成。在特定情况下,防雷装置可以仅由外部防雷装置或内部防雷装置构成,也称雷电防护系统。

(七)打印机

将报警或实时信息及报表等打印出来,以备查询。打印可以定时打印、实时打印,也可召唤打印。

二、上位机软件系统

上位机的软件系统一般由操作系统软件、数据库软件、监控软件和电厂事故自动报警通知系统 OnCall 构成。

(1)上位机的操作系统软件。一般为 Windows 系统。

(2)数据库软件。一般选用微软公司的 SQL Server 系列,用于配合计算机监控软件处理电厂的数据信息。

(3)计算机监控软件。由专门的设计单位提供,常见的有南瑞开发的 NC2000、南自开发的 SD8000、许继开发的 SJK8000、湖南紫光开发的 SM – 3B 等,是上位机软件系统的核心部分,用于整个电厂的监控。

(4)PLC 编程软件。常用的有西门子 s7300、400,三菱 GX Developer 等。

(5)组态软件。常用的有 IFix(GE Fanuc 智能设备公司)、组态王(北京亚控科技发展有限公司)、力控(北京三维力控科技有限公司)、MCGS(由北京昆仑通态自动化软件科技有限公司)。

(6)高级应用软件(AGC/AVC)。AGC(Automatic Generation Control)自动发电量控制,是能量管理系统 EMS 中的一项重要功能,它控制着调频机组的出力,以满足不断变化的用户电力需求,并使系统处于经济的运行状态。自动发电控制,是并网发电厂提供的有偿辅助服务之一,发电机组在规定的出力调整范围内,跟踪电力调度交易机构下发的指令,按照一定调节速率实时调整发电出力,以满足电力系统频率和联络线功率控制要求的服务。或者说,自动发电控制(AGC)对电网部分机组出力进行二次调整,以满足控制目标要求;其基本功能有负荷频率控制(LFC)、经济调度控制(EDC)、备用容量监视(RM)、AGC 性能监视(AGC PM)、联络线偏差控制(TBC)等;以达到其基本的目标,即保证发电出力与负荷平衡,保证系统频率为额定值,使净区域联络线潮流与计划相等,最小区域化运行成本。

(7)电厂事故自动报警通知系统 OnCall。为高级应用,根据设置将现场数据通过电话、短信的方式告知指定用户,如保护动作、机组开停机等;或用户通过电话、短信方式查询现场数据,如当前机组出力等。

三、上位机功能

上位机是水电站计算机监控系统中人机交互的重要平台之一,通过计算机的输出/输入设备来实现对全厂设备的监视和控制。

上位机的主要功能有数据采集、数据处理、数据通信、数据存储、数据查询、运行状态显示、运行控制与调节、运行监测、统计计算、报表生成和打印、故障报警、时钟同步等。

(一)数据采集

通过网络和安装在设备现场的各种传感器和变送器,采集水电站机组、机组的附属设备、电厂的辅助设备、部分水工设施的模拟量实时数据和开关量的实时状态。

(二)数据处理

对采集到的数据分析、滤波、分类并进行相应的记录和统计。

(三)数据通信

通过以太网与现地控制单元进行数据通信,达到数据实时共享。通过 Internet 将数据发送到梯调。

(四)数据存储

通过监控软件和数据库软件,将经过处理的数据生成相应的数据库,以备数据查询。

(五)数据查询

通过监控软件,可进行实时数据查询、历史数据查询;或查询越限信号、事故信号、故障信号等。

(六)运行状态显示

显示主接线图、各机组运行参数和状态、闸门状态等实时画面。

(七)运行控制与调节

通过监控软件一键式完成开、停机流程;对运行机组进行调压、调频;遥控倒闸操作;自动发电控制(AGC)和自动电压控制(AVC)。

(八)运行监测

对电站模拟量的实时数据进行监测;对开关量的实时状态进行监测。

(九)故障报警

参数越限报警、状态非正常变位报警、故障和事故报警。

(十)统计计算

统计计算电站不同时间段的累积电度量(按峰、平、谷时段);统计机组启停次数;统计设备投退次数;统计事故次数;统计累计运行时间等。

（十一）报表生成和打印

根据运行人员设定,可定时或人工指定打印(召唤打印)相应的报表,还可在发生事故时自动打印事故设备、事故时间、事故类型和事故处理(事故打印)。

（十二）时钟同步

通过网络使上位机时间与标准时间同步。

四、小结

在上位机硬件系统中,上位机承担各功能的工作站可由一台计算机(工控机)来完成,也就是说服务器、工程师工作站、操作员工作站、通信工作站、五防工作站等可以使用同一台计算机(工控机),但考虑到安全性和稳定性,通常不会将所有的工作站设置于同一台计算机(工控机),而是根据需要分别由不同的计算机来承担或组合由某一台计算机(工控机)承担 3 个及 3 个以下的功能。

上位机软件系统主要以画面、数据或报警的形式显示现场实时运行数据、一次设备的运行方式、发电机的运行状态,以及各设备的远方操作与控制,同时还具有历史记录、统计等功能。

第二节　上位机监控的基本操作

上位机的基本操作包括上位机的启动和关闭、监控软件的登录和注销、"四遥"等。本节以湖南紫光的 SM – 3B 为例,介绍上位机监控的基本操作。

一、上位机的启动和关闭

上位机的启动分为计算机的启动、商用数据库 SQL Server 服务管理器的启动和监控软件的启动 3 个步骤。需要注意的是:只有 SQL Server 服务管理器在运行后,才能启动监控软件,这样系统才能正常运行。

关闭上位机时,只有先退出监控软件,才能关闭计算机。

（一）启动计算机（或工控机）

在确保电源正常的情况下,先启动显示器,再启动主机。

（二）观察 SQL Server 服务是否正常启动

计算机启动后,首先观察一下任务栏托盘区是否有 SQL Server 服务管理器图标,且是否为运行状态。 ，圆圈内为正常运行时的 SQL Server 服务管理器图标。运行状态的图标 ，鼠标移动到该图标上后会显示"正在运行";停止状态的图标 ，鼠标移动到该图标上后会显示"已停止"。

如果显示 ，则按下列步骤启动:点击【开始】—点击【程序】—点击【Microsoft SQL Server】—点击【服务管理器】,将弹出以下窗口,如图 5-2 所示。

点击图 5-2 中"开始/继续"按钮后,窗口如图 5-3 所示。

图 5-2　SQL Server 待启动界面　　　　　图 5-3　SQL Server 已启动界面

此时 SQL Server 服务管理器被成功启动,点击该窗口右上角的最小化或关闭按钮后
SQL Server 服务管理器图标将最小化在屏幕右下角任务栏中。

(三)启动监控软件

找到桌面上的"SM－3B"图标,双击该图标启动监控软件。

二、监控软件的登录和注销

(一)监控软件登录

以 SM－3B 监控软件为例,启动监控软件后,在屏幕左上角
"用户注册"下拉菜单中选择"用户登录",将弹出"操作员"窗口如图 5-4 所示。在"请输
入用户名"一栏中选择自己的名字,在"请输入密码"一栏中输入自己的密码,点击"确定"
按钮,将登录系统。

(二)监控软件注销

只有登录后,才能"注销"。可在"用户注册"菜单下选择"注销×××",退
出登录。"×××"为登录时选择的操作员名字。

退出登录后将鼠标移动到屏幕左上角,将出现"任务管理模块",选择其中
的 ████ 即可退出监控软件。

三、上位机主要操作

图 5-4

SM－3B 可操作内容集中在"任务条模块"中,进入监控软件后将鼠标移动
到屏幕左上角可调出该模块,内容包括"监控平台""定值控制台""参数库管理""用户管
理""接线图编辑""数据存储配置""报表程序""历史曲线""事件查看"等。

"任务条模块"负责管理系统中启动的所有任务,启动任务条模块可以同时启动配置
的相应模块,点击任务条上的按钮可以打开相应的模块,关闭任务条模块则可以关闭配置
的相应模块程序。

(一)参数库管理

参数数据库管理程序的主要作用是为各个 SM－3B 系统设置所需要的参数,使得整
个系统能够正常运行,是整个 SM－3B 计算机监控系统运行的基础(见图 5-5)。主要功

能如下：

(1)生成、修改系统运行所需要的数据以及数据的属性。

(2)建立、设置通信端口及其参数(见图5-6)。

(3)设置系统运行的重要参数。

图5-5　参数数据库管理界面

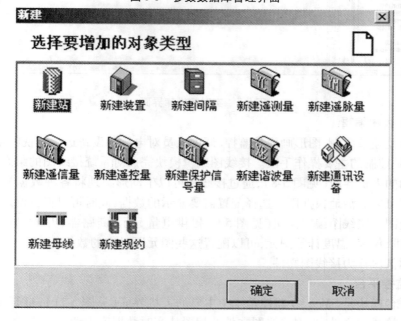

图5-6　参数数据库配置画面

(二)实时数据库管理

实时数据库模块(见图5-7)是整个系统数据处理的核心,保存系统内所有的遥测、遥信、遥脉、谐波及故障实时数据,并维护系统内的事件 SOE、故障 SOE 数据及操作和命令数据;实时数据库是一个 COM 组件,提供了很多接口给其他模块读写相应的数据,其他模块通过与实时数据库的数据交互读写系统的各种数据,完成相应的功能。在实时数据库的界面上可以查看每个通信设备、装置的通信状态,查看所有的遥测、遥信、遥脉、谐波及故障的当前值,同时可以查看系统内的事件 SOE、故障 SOE 数据记录以及操作和命令记录。

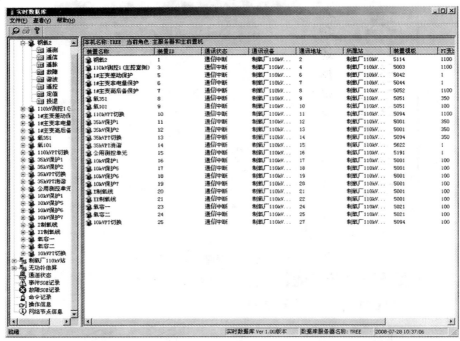

图 5-7　实时数据库界面

（三）接线图编辑

在实时监控系统中,图形画面是监控、调度人员对电厂各设备进行监视的主要信息来源,同时也是控制的主要操作手段。接线图编辑模块完成对系统接线图的组态,接线图是最直观生动的人机界面(见图 5-8),通过接线图可以生动形象地将各种数据显示到界面,每个接线图可以灵活地根据用户选择配置需要显示的数据,同时可以很方便地新增、修改和删除接线图。接线图编辑模块(见图 5-9)提供电量显示、断路器、刀闸、手车、潮流、发电机、水轮机、仪表、温度计等图元,可以配置这些图元所对应的数据库点表(见图 5-10),将配置及图像保存为接线图文件。

（四）监控平台

监控平台模块是 SM－3B 监控系统中主要的人机界面(见图 5-11),打开接线图编辑模块生成的接线图文件,根据接线图文件的配置从实时数据库中读取相应的数据,显示到界面,并保持自动刷新;以操作的方式与实时数据库交换数据,完成挂牌和人工置数操作;以命令的方式与实时数据库交换数据,实现对装置的遥控、遥调功能;监控平台可以实现对事件 SOE 和故障 SOE 的自动报警,当有事件 SOE 和故障 SOE 产生时,监控平台将从实

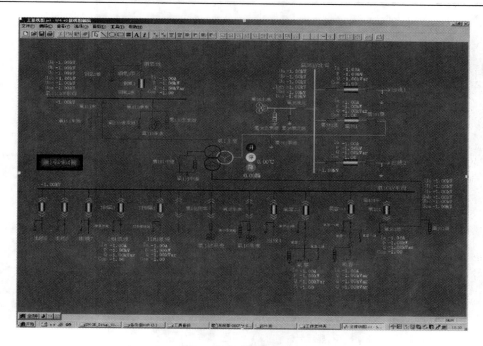

图 5-8 接线图编辑主界面

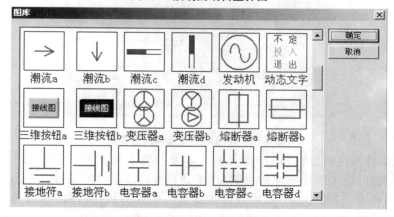

图 5-9 接线图编辑图库

时数据库读出 SOE 数据,自动弹出报警对话框;另外,监控平台与实时数据库交换数据,显示所有的遥测、遥信、遥脉、谐波及故障的当前值,动态显示每个通道通信状态以及当前节点的网络通信状态。

"监控平台"中可对机组进行电厂日常运行操作,包括正常开机、正常停机、紧急停机、运行调节、查看报警信息、报表制作等。

1. 正常开机

(1)检查开机条件。启动机组前,需要查看机组是否满足开机条件,开机条件至少满足以下几点:机组无事故、发电机出口断路器在分闸位置、制动复归、导叶全关。可以在机组监控画面中观察是否满足开机条件。

图5-10 接线图编辑元件属性界面

当开机条件满足后,就可以准备开机。如要开机直接并网,需将同期方式调到"自动";若要手动并网,则需将同期方式调为"手动",并待满足并网条件后手动合闸。

(2)下开机令:目前大部分监控软件都支持一键式开机,进行操作员登录后,进入机组控制画面可下达开机令,自动执行开机流程:开旁通阀→开主阀→开冷却水→开机令给调速器→开机辅助保持到发电机出口断路器合闸→转速80%时合灭磁开关→转速95%时且灭磁开关在合位后自动起励→程序判断机组有电压后就投同期→自动并网由自动同期装置完成。并网完成再根据功率因数来调整有功无功。

以 SM-3B 为例,在监控平台中进入主接线图(见图5-12),在界面左上方点击相应的"机组监视图",即可进入"机组运行监视界面"。

在"机组运行监视界面"(见图5-13)中点击左下角的"开机令",将会弹出开机令下达窗口,见图5-14。

在弹出的"遥控窗口"中点击红色圆圈,下达开机令,机组即将自动按流程开机。

2. 正常停机

关闭机组同样支持一键式关机,在监控软件启动后进行操作员登录,在机组控制画面

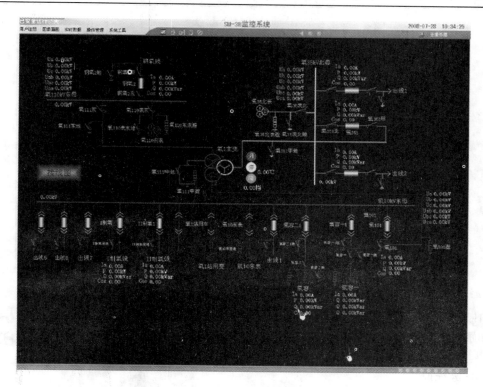

图 5-11　监控平台界面

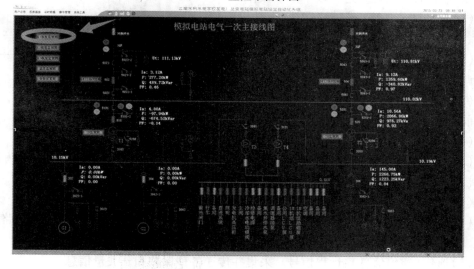

图 5-12　主接线图

中选择下达停机令,可令机组自动减有功和无功→减到设定值→跳发电机出口断路器→正常停机不跳灭磁开关→停机输出给调速器和励磁→转速到35%时投入制动→通过延时制动复归→关冷却水。

3.紧急停机

有事故时(如保护装置动作跳闸,机组温度过高),可下紧急停机令,即自动跳发电机

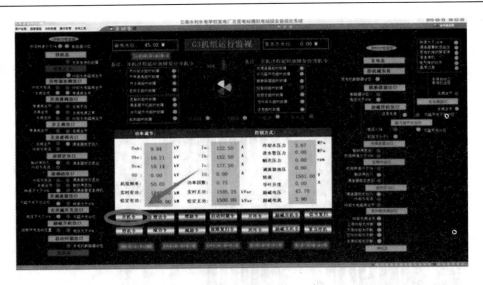

图 5-13　机组运行监视界面

出口断路器和灭磁开关,同时发送停机令到调速器和励磁装置进行机组停机,后面和正常停机一样。

4.运行调节

在机组运行时,还可进行以下基本操作:

(1)自动调节功率:可以按有功、无功设定值调节。

(2)有功、无功调整给定值:按给定的有功、无功调节机组当前值至给定值。

图 5-14　开机令遥控窗口

(3)有功、无功分段给定值:调节时若给定值与当前值的差值大于分段给定值将进行快速调整。

(4)有功、无功漂移给定值:调节时的值和设定的差值。

(5)有功、无功跳闸给定值:停机减有功、无功的值,减到小于或等于该值后发跳闸令,跳发电机出口断路器。

(五)“四遥”操作

(1)遥测(遥测信息):远程测量。采集并传送运行参数,包括各种电气量(线路上的电压、电流、功率等量值)和负荷潮流等。

(2)遥信(遥信信息):远程信号。采集并传送各种保护和开关量信息。

(3)遥控(遥控信息):远程控制。接收并执行遥控命令,主要是分合闸,对远程的一些开关控制设备进行远程控制(如图 5-15、图 5-16、图 5-17 所示)。

(4)遥调(遥调信息):远程调节。接收并执行遥调命令,对远程的控制量设备进行远程调试,如调节发电机输出功率(见图 5-18)。

(六)定值平台

定值平台模块(见图 5-19)可以查看和修改所有装置的保护定值和保护投退(修改定

值界面见图5-20),将查看或者修改装置保护定值和投退(见图5-21)的命令写入实时数据库,等待通信模块执行完成以后,将结果显示到定值平台的界面上。

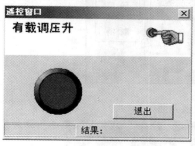

图 5-15 简单出口遥控界面

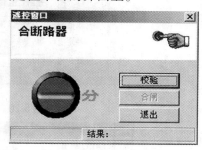

图 5-16 断路器遥控界面

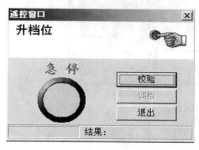

图 5-17 调档界面

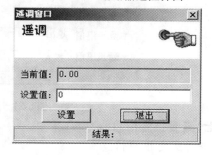

图 5-18 遥调界面

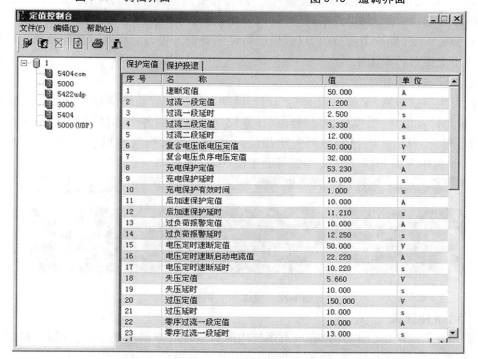

图 5-19 定值平台主界面

图 5-20　修改定值界面

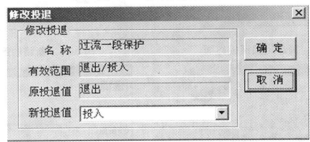

图 5-21　修改投退界面

（七）查看报警信息

1.查看历史报警信息

点击"历史报警"按钮,出现报警页面,点击报警时间菜单,在弹出的窗口内可输入要查询的报警起始时间,然后点击确定,进入历史报警查询画面。查询有两种方式,一种是按间隔分类;一种是按类型分类,可以根据习惯来查询。查询后可通过文件菜单里的打印选项将历史报警打印出来。

2.查看实时报警信息

在发生事故报警(非操作引起的断路器跳闸和保护装置动作信号)和预告报警(设备变位、状态异常信息、模拟量越限/复限、计算机站控系统的各个部件、间隔层单元的状态异常等)时,会弹出实时报警框并发出报警声。点击实时报警框可查看详细报警情况。故障 SOE 报警界面和事件 SOE 报警界面见图 5-22、图 5-23。

:DCAP故障简报			
序号	名称	类型	时间
1	制氧厂 110kV站net:钢氧2:AB相间一段保护	动作	2008-7-28 11:46:54:218
2	制氧厂 110kV站net:钢氧2:AB相间一段保护	动作	2008-7-28 11:46:54:46
3	制氧厂 110kV站net:钢氧2:AB相间一段保护	动作	2008-7-28 11:46:53:640
4	制氧厂 110kV站net:钢氧2:AB相间一段保护	动作	2008-7-28 11:46:53:453
5	无功补偿屏:SNTC-200无功补偿:无功升	异常	2008-7-28 11:46:17:937
6	无功补偿屏:SNTC-200无功补偿:无功升	异常	2008-7-28 11:46:17:785

图 5-22　故障 SOE 报警界面

（八）事件查看

事件查看模块(见图 5-24)完成对系统内所有事件的查询功能,通过读取数据库中的记录,实现对事件 SOE 记录、故障 SOE 记录以及各种操作记录的查询,对于故障 SOE 记录,还可以查看该故障的动作值记录(见图 5-25)和录波曲线(见图 5-26);另外,可以根据

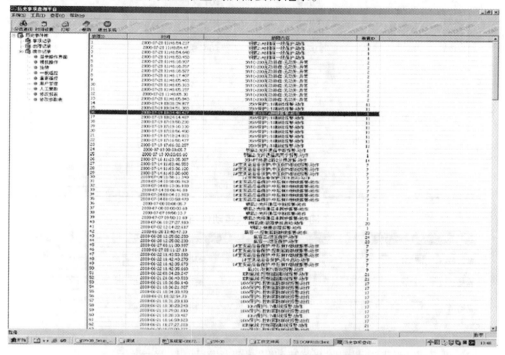

图 5-23 事件 SOE 报警界面

配置特定的记录时间和记录类型来查询所需要的记录。

图 5-24 事件查看模块

（九）用户管理

用户管理模块完成系统用户数据的维护,完成新建、修改、删除用户及用户组的功能;用户管理模块的主要作用是对整个系统的用户的操作权限进行管理和控制,是整个系统安全可靠运行的基础。用户管理界面见图5-27。

（十）历史曲线

历史曲线模块用曲线的方式来直观地显示一天内的电量数据(见图5-28),可以方便地查看一天内电量的变化趋势、最大值、最小值以及最大值时间和最小值时间;同时支持多条曲线的显示,可以方便地进行不同电量值之间的比较。

（十一）数据存储配置

数据存储配置模块为用户提供了设置数据存储方式的工具(见图5-29)。通过数据存储配置模块,将对一些用户认为重要的实时数据点进行统计分析和存储,只有使用数据存储配置模块配置过的数据,系统才会把它保存到历史数据库中,用于让报表程序、曲线程序等功能模块调用。同时数据存储配置模块还提供了维护系统时段数据的功能,可以

故障数据

故障ID	数据名称	值	单位
3471	FI0	0	A
3471	FI0jx	0.02	A
3471	FIa	0.29	A
3471	FIb	0.2	A
3471	FIc	0.27	A
3471	FU0	1.11	V
3471	FU2	0.14	V
3471	FU21	0.14	V
3471	FUab	107.77	V
3471	FUab1	106.29	V
3471	FUbc	107.67	V
3471	FUbc1	106.26	V
3471	FUca	107.96	V
3471	FUca1	106.52	V

录波曲线

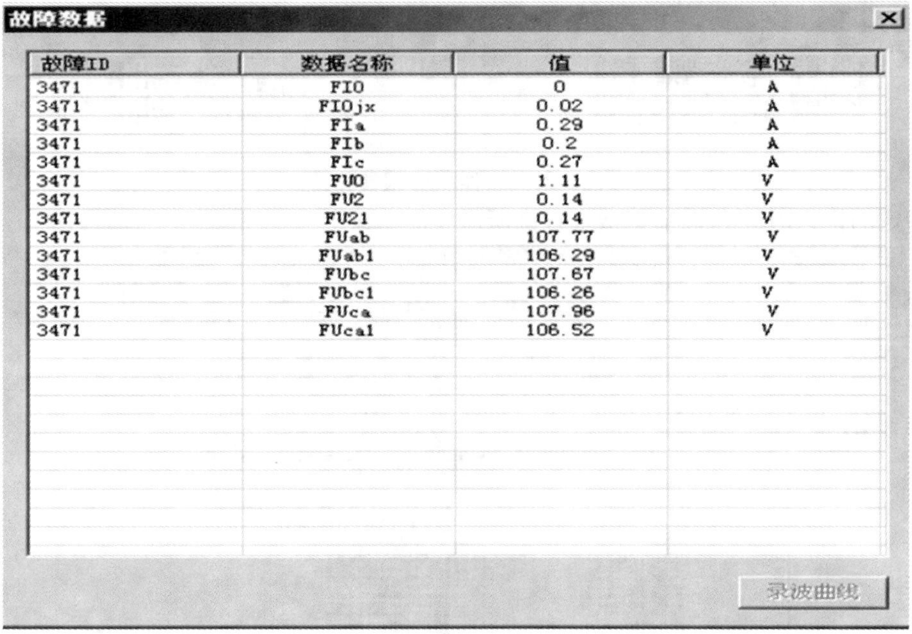

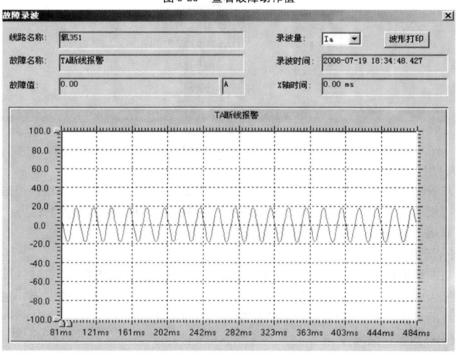

图 5-25　查看故障动作值

图 5-26　查看故障录波界面

增加、修改或者删除系统数据库的时段和子时段数据。

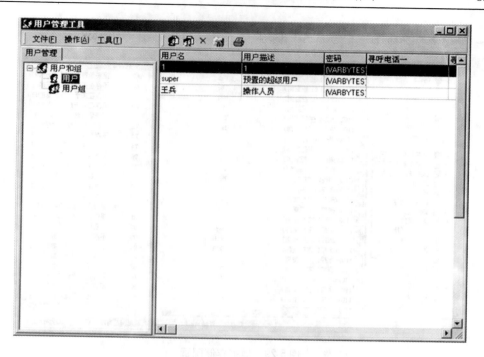

图 5-27 用户管理界面

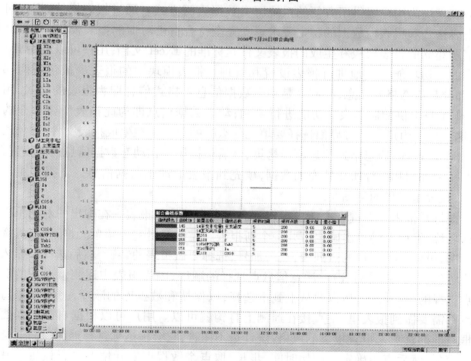

图 5-28 历史曲线

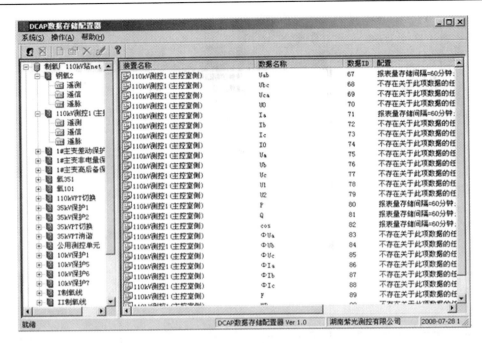

图 5-29　数据存储配置

（十二）报表模块

报表模块为用户提供了方便的系统历史数据查阅方式。通过报表模块，用户可以根据对报表格式和报表内数据的特定要求建立完全符合自己习惯的报表模板。DCAP 报表工作室所建立的报表模板和生成的报表文件是标准的 Excel 文档，用户可以利用 Excel 本身提供的一切功能方便地进行报表设置和管理。报表模块中的报表模板包括两部分信息，一部分是静态格式信息，一部分是动态数据信息。格式信息即为报表的格式，用户利用 Excel 本身提供的制作表格功能进行绘制；动态数据信息即为此报表所要填充的历史数据，这一部分由用户通过界面选择要填充什么样的数据。在生成报表文件的时候，系统把报表模板所有的静态格式信息原样拷贝，然后根据用户在动态数据信息内的设置，在历史数据库中查询和统计所要填充的数据，填充到报表的动态数据信息区。报表主界面见图 5-30，报表生成界面见图 5-31。

左键打开报表—右键点击历史报表—右键点击新建日报表—在弹出的对话框里填写报表的名称，然后左键单击确定打开一个新报表。左键双击左上角单元格，弹出选择动态点对话框，里面有可下拉的点列表，点击加号，选择要做报表的装置，然后选择要做入表中的遥测量（一般只做遥测量）。注意信息点选择的顺序，因为报表中遥测量出现的顺序与信息点选择的顺序有关，所以要从上到下选择，以保持和数据库的顺序一致；如果每一个遥测点都需要做到报表里，则直接在遥测上打钩就可以。用户可以根据自己的需要通过对话框右面的选项来设置报表的风格，统计量不用管，它会根据你选择遥测、遥信、遥调作相应的变化，然后点击确定。起始时间、步长、取点个数根据实际情况进行设置。其中步长与取点个数的乘积等于 24 h。排列方向自行选择，时间、物理名称、间隔名称根据需要打钩就可以，点击确定，日报表建成。

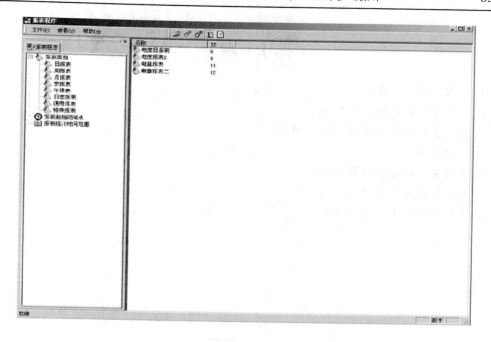

图 5-30　报表主界面

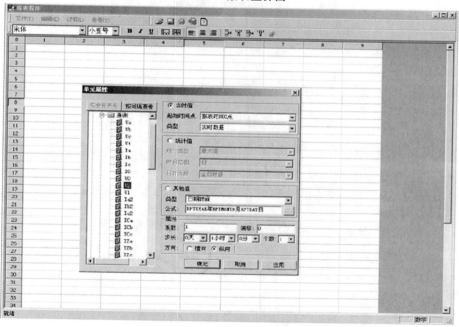

图 5-31　报表生成界面

习　题

1. 什么是上位机系统?
2. 简述上位机硬件系统组成。
3. 简述上位机软件系统组成及功能。
4. 如何开机?
5. 如何登录和退出监控软件?
6. 上位机的主要操作有哪些?
7. 开机前检查项目有哪些?

第六章　水电站防雷和抗干扰措施介绍

　　水电站计算机监控系统的电平低、传输信号弱，属弱电系统，水电站环境恶劣，有发电机、变压器等大功率的机电设备，极易受到干扰，产生误差，甚至产生损坏设备的生产事故。因此，防雷和抗干扰问题必须予以高度重视，并采取防雷和抗干扰措施。

一、干扰源和传播途径

（一）干扰源

　　（1）交流电源：高电压、大功率机电设备的启停对电网形成了很大干扰，产生较高的尖峰脉冲，叠加在交流电源上。

　　（2）输入、输出接口通道：输入、输出接口通道数量多，距离长，且在复杂的环境下，易产生干扰。

　　（3）电磁场：监控系统内外都有大量的机电设备，这些设备均有很强的电磁场，对系统产生干扰。

（二）干扰的传播途径

　　干扰的传播途径主要有交流电源、静电耦合、磁场耦合、公共阻抗耦合、漏电流耦合等。

二、抗干扰的硬件措施

（一）交流电源干扰的抑制措施

　　（1）使用低通滤波器。

　　（2）使用隔离变压器。

　　（3）使用浪涌电压吸收器。

　　（4）使用交流稳压器。

　　（5）使用不间断电源 UPS。

（二）静电干扰的抑制措施

　　（1）信号线采用屏蔽线。

　　（2）尽量不与电力线并行并加大距离。

　　（3）减少信号线对地阻抗。

（三）磁场耦合干扰的抑制措施

　　（1）减少信号线长度并贴地埋设。

　　（2）减少信号线输入阻抗。

　　（3）电力线和信号线分别隔离安装。

　　（4）采用双绞线。

（四）公共阻抗耦合干扰的抑制措施

（1）减少接地网电阻。

（2）屏蔽层单点接地。

（3）变压器隔离、光电隔离。

三、抗干扰的软件措施

（1）数字滤波技术。

（2）指令冗余和软件陷阱技术。

（3）看门狗技术。

四、防雷措施

（1）安装避雷针。

（2）配电系统安装避雷器。

（3）信号线加装防雷器。

（4）接地系统接地电阻小于 4 Ω。

第七章　水电站的视频监控技术介绍

一、视频监控系统概述

水电站具有地域分布较宽、运行设备较多等特点,特别是安全管理难度较大,视频监控系统来作为自动化监控系统的补充,可实现对水电站运行情况的全方位监控管理和远程监控的目的,可作为无人值守、少人值守的综合自动化系统的组成部分。随着计算机网络通信技术、图像压缩处理技术以及传输技术的快速发展,使得安全技术防范行业能够采用最新的计算机通信和图像处理技术,并通过网络传输数字图像和控制图像,为实现本地和远程图像监控及联网报警系统提供了高效可行而且价格低廉的解决方案。视频监控系统主要经过了模拟视频监控阶段、半数字化阶段、全数字化阶段,其主要功能有以下几点。

(一)水库大坝管理

(1)通过视频监控系统可监测水库蓄水水位情况。

(2)操作人员在使用控制系统操作闸门时,可通过视频监控系统监视闸门和水流情况。

(3)在某些环境下,如水库的溢洪道等地方,大部分时间属于无人值守状态,需要设置监控摄像机实时监控。

(4)监测水库、坝区的周边环境。

(二)设备监控

对站区重要室内设备如水轮机室、水车室、GIS 室、母线廊道、发电机层、蝶阀层、技术供水室、电气层、开关室、尾水廊道等进行监控;对站区重要室外设备如主变压器、副厂房、避雷器群、断路器、接地刀闸等进行监控;监控应达到以下效果:清楚地监视场地内的人员活动情况、清楚地看见发电或其他室外设备的具体运行状况;可以清楚地看见人员、设备情况,看见仪表盘上的读数。

(三)安全防范

保障水电站空间范围内的建筑、设备的安全,起到防盗、防火的作用。在围墙、大门等处安置摄像、微波、红外探头以防止非法闯入;在建筑物门窗安装报警探头如门磁、红外、玻璃破碎探测器等,并在重点部位安装摄像机进行 24 h 不间断视频监控,实现报警联动录像的作用。

二、视频监控系统的组成

视频监控系统主要包括前端视频采集设备、信号传输系统、后台监控系统 3 个部分(见图 7-1)。

(一)前端视频采集设备

前端视频采集设备是水库的大坝、闸门、厂区室内外等重要地点安装摄像系统,可灵

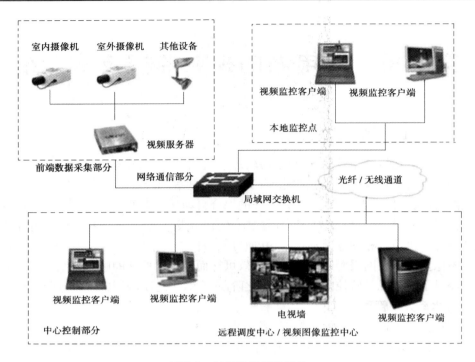

图 7-1　视频监控系统结构

活设置图像监视模式,如连续录像模式、动态感知录像模式(即当图像上出现移动物体时才启动录像)和报警联动录像模式(即当报警探测器被触发后录像机自动转到报警方位并启动录像)。

(二)信号传输系统

信号传输系统有视频传输和信号传输,视频传输一般以同轴电缆为传输介质,超过300 M 加视频放大器进行信号放大,信号传输一般以屏蔽双绞线为传输介质。

(三)后台监控系统

后台监控系统由监控服务器、监控客户端、电视墙等组成。监控服务器是由监控管理软件、数据库等组成的,是监控系统的核心,主要有图像的接收,用户管理,控制信号的协调,图像的实时监控,录像的存储、检索、回放等功能。监控客户端主要作为运行客户端监控软件访问监控服务器,实现监控管理功能。电视墙能直观显示监控画面。

附录　《水电厂计算机监控系统基本技术条件》
（DL/T 578—2008）（部分内容）

1　范围

本标准规定了水电厂计算机监控系统的有关术语和定义、基本技术要求、试验和检验、包装、运输和储存以及技术文件等内容。

本标准适用于大、中型水电厂计算机监控系统的设计和制造，其他类型的水电厂计算机监控系统亦可参照使用。

3　术语和定义

下列术语和定义适用于本标准。

3.1　计算机监控系统 Computer Supervision and Control Systems（CSCS）

利用计算机对生产过程进行实时监视和控制的系统。

3.2　电厂控制级（或主控级）Plant Control Level（PCL）或 Main Control Level（MCL）

指水电厂计算机监控系统中央控制一级。

3.3　现地控制级 Local Control Level（LCL）

指水电厂计算机监控系统被控设备按单元划分后在现地建立的控制级。

3.4　现地控制单元 Local Control Unit（LCU）

负责对机组、开关站、厂用电系统和公用设备等实施监控的设备。

3.5　人机接口 Man-Machine Interface（MMI）

指运行、维护及管理人员与计算机监控系统设备的联系。

3.6　通信接口 Communication Interface

设备之间的信息交换端口。

3.7　局域网 Local Area Network（LAN）

分布于一个区域内用以连接计算机等设备的内部网络。

3.8　数字量 Digital Quantity

设备状态以编码脉冲或逻辑电平信号表示的物理量或状态量。

3.9　模拟量 Analog Quantity

设备特性以连续变化电平信号表示的物理量。

3.10　数据 Data

数字量或模拟量含义的数值表示。

3.11　点设备 Point

输入输出接口设备。点的分类含义如下：

a）数字量输入点（Digital Input Point）：它以数字逻辑状态形式表达设备状态的输入设备点；数字量输入点包括下列输入类型的信息：

状态点（Change of Status Point）：表示设备状态的数字量信号输入点。

事件顺序记录点（Sequence of Event Point）：记录设备状态事件顺序功能的数字量信号输入点。

累加点(Accumulator Point):记录设备脉冲状态个数并进行累加的数值量信号输入点。

编码点(Coded Point):表示设备状态或特性的数值量信号输入点。

b)数字量输出点(Digital Output Point):以数字逻辑状态形式对设备状态进行控制的设备点。

c)模拟量输入点(Analog Input Point):以数值标量形式表达设备特性连续变化的输入设备点。

d)模拟量输出点(Analog Output Point):以数值标量形式表达对设备状态特性进行控制的设备点。

e)特殊功能模块输入点(Special Function Input Point):它接收特定组合信号并转换为设备状态特性数值标量和/或设备状态的输入设备点。

f)备用点(Spare Point):指没有被使用但已经配好线和有设备的点。

g)布线点(Wired Point):这些点的公用设备、布线和空间位置均已提供,要使用这些点只需要加入硬插件。

h)空位点(Space on Point):机柜中留下的点设备空间位置,可供将来添加插件、设备、机箱和布线。

3.12 比特率 Bit Rate

传送二进制位的速度。单位为每秒传送的位数。

3.13 波特 Baud

信号传输速度的一种单位。它等于每秒内离散状态或信号事件的个数。在每个信号事件表示一个二进制位的情况下,波特和每秒比特数一样;在异步传输中,波特是调制率的单位,它是单位间隔的倒数。若单位间隔的宽度是 20 ms,则调制率是 50 波特。

3.14 信息 Information

数据表示形式中约定赋予数据的含义。

3.15 报文 Message

用于传递信息的字符有序序列。

3.16 事件 Event

系统或设备状态的离散变化。

3.17 分辨率 Resolution

设备特性标量化可被识别的最小值。

3.18 事件顺序记录 Sequence of Events (SOE)

根据事件发生的先后顺序及发生时刻,按规定的分辨率对其所做的记录。

3.19 状态 State

指元件或部件所处的状态。例如,逻辑"0"或"I"。

3.20 状况 Status

描述一个点或一台设备或一个软件工作状况的信息。例如,点报警状态,点禁扫状态。

3.21 禁止 Disable

阻止某个特定事件处理的命令或条件。

3.22　允许 Enable

允许某个特定事件处理的命令或条件。

3.23　人工操作 Manual Operation

通过人机接口对被控设备进行操作。

3.24　自动操作 Automatic Operation

按预定策略对被控设备进行操作。

3.25　响应时间 Response Time

从启动某一操作到得到开始执行之间的时间。

3.26　平均故障间隔时间 Mean Time Between Failures (MTBF)

工作设备的故障之间所能期望的间隔时间(小时)。

3.27　平均修复时间 Mean Time To Repair (MTTR)

使故障设备恢复正常工作所能期望的时间(小时)。

3.28　电磁兼容性 Electro Magnetic Compatibility (EMC)

设备或系统在其电磁环境中能正常工作,且不对该环境中任何事物构成不能承受的电磁骚扰的能力。

3.29　有功功率联合控制 Joint Control of Active Power

在电厂内调整有功功率以如此方式进行,即让被控制的多台发电机组的行为同单台机组的行为一样。其发电机联合组成和执行控制规律是按照电厂控制任务特性来确定的。

3.30　无功功率联合控制 Joint Control of Reactive Power

在电厂内调整无功功率以如此方式进行,即让被控制的多台发电机组的行为同单台机组的行为一样。其发电机联合组成和执行控制规律是按照电厂控制任务特性来确定的。

3.31　自动发电控制 Automatic Generation Control (AGC)

水电厂自动发电控制是电力系统自动发电控制的一个子系统。它的任务是:在满足各项限制条件的前提下,以迅速、经济的方式控制整个电站的有功功率来满足电力系统的需要。

3.32　自动电压控制 Automatic Voltage Control (AVC)

水电厂自动电压控制是电力系统自动电压控制的一个子系统。它的任务是:在满足各项限制条件的前提下,按厂内高压母线电压及全厂的无功功率进行优化实时控制,以满足电力系统的需要。

3.33　热备用 Hot Standby

指两台计算机以主备方式运行,当主计算机发生故障后,备用计算机在不中断任务的方式下自动顶替已发生故障的主计算机运行;或者,指两台计算机以互为备用方式运行,当某一台计算机发生故障后,另一台计算机在不中断任务的方式下自动顶替已发生故障的计算机运行。

3.34　温备用 Warm Standby

指正在运行的主计算机发生故障后,另一台具有相同功能且已加电的备用计算机通过启动应用程序顶替已发生故障的主计算机运行。

3.35　冷备用 Cold Standby

指正在运行的主计算机发生故障后,另一台具有相同功能但未加电的备用计算机通过上电并启动操作系统及应用程序顶替已发生故障的主计算机运行。

4　基本技术要求

4.2　系统功能和操作要求

4.2.1　数据采集

4.2.1.1　数据类型

a) 模拟输入量(含 RTD 信号);

b) 数字输入状态量;

c) 数字输入累加量;

d) 数字输入编码(如 BCD 码);

e) 数字输入事件顺序量;

f) 模拟输出量;

g) 数字输出量。

4.2.1.2　现地控制级数据采集

a) 应能实时采集以上各类输入量数据;

b) 应能实时采集所辖智能电子设备的数据;

c) 接收来自电站主控级的命令信息和数据。

4.2.1.3　电厂控制级数据采集

a) 实时采集各现地控制级的各类数据;

b) 接收各调度级的命令信息和数据;

c) 接收电厂计算机监控系统以外的其他系统数据信息。

4.2.2　数据处理

数据处理应定义对每一设备和每种数据类型的数据处理能力和方式,以用于支持系统完成监测、控制和记录功能。

4.2.2.1　模拟量数据处理

应包括地址/标记名处理、扫查允许/禁止处理、工程量变换处理、测量零值处理、测量死区处理、测量上下限值处理、测量合理性处理、测量上下限值死区处理、越限及梯度越限报警处理、数据质量码处理等。

4.2.2.2　状态数据处理

应包括地址/标记名处理、扫查允许/禁止处理、状态变位处理、防接点抖动处理、报警处理、数据质量码处理等。

4.2.2.3　事件顺序记录数据处理

应包括地址/标记名处理、扫查允许/禁止处理、状态变位处理、防接点抖动处理、时间标记处理、报警处理、数据质量码处理等。

4.2.2.4　数据计算

a)功率总加；

b)脉冲累积、电能量和/或分时电能量的累计；

c)机组温度综合分析计算；

d)主辅设备动作次数、运行时间和运行间隔时间等维护管理统计；

e)具有用于通用目的的状态逻辑计算、模拟量计算和多源点计算功能；

f)频率考核计算、母线电压考核计算(任选项)；

g)功率不平衡度计算(任选项)；

h)厂用电率计算(任选项)；

i)水量、耗水率、效率等计算(任选项)。

4.2.2.7 历史数据处理

对实时数据进行统计分析和计算处理，形成历史数据记录，并提供历史数据检索和查询手段。历史数据按如下分类定义：趋势类、累加值、平均值类、最大/最小值类。

4.2.4 控制与调节

计算机监控系统按照电厂当前运行控制方式和预定的决策参数进行控制调节，以满足电力调度发电控制要求。

4.2.4.3 现地控制单元的顺序控制和调节

4.2.4.3.1 机组现地控制单元的顺序控制和调节

机组现地控制单元应具有以下顺序控制和调节功能：

a)机组正常开/停机顺序控制及紧急停机顺序控制；

b)机组转速及有功功率调节；

c)机组电压及无功功率调节；

d)导叶开限调节。

4.2.4.3.2 开关站现地控制单元的顺序控制

开关站现地控制单元应能实现相关隔离开关的倒闸顺序控制和断路器的合闸顺序控制功能。

4.2.4.3.3 厂用电现地控制单元的顺序控制

厂用电现地控制单元应能实现高压厂用电系统进线和母联断路器的各自投顺序控制功能。

4.2.4.3.4 公用设备现地控制单元的顺序控制(任选项)

4.2.5 人机接口及操作要求

计算机监控系统均通过以下接口设备完成画面显示、打印制表、设置参数、操作控制及维护管理等人机接口功能。

a)电厂控制级操作员站、工程师站、打印机等；

b)现地操作屏；

c)模拟屏(任选项)；

d)大屏幕(任选项)；

e)便携式工作站或移动式操作员站。

4.2.5.1 电厂控制级人机接口及操作要求

作为电厂运行人员监视和控制电厂运行的主要手段,运行人员与计算机监控系统的交互作用将通过操作员站等的显示器、键盘和鼠标以及打印机等来实现。

4.2.5.1.1　人机接口原则

a)操作员只允许完成对电厂设备运行监视、控制调节和参数设置等操作,而不能修改或测试各种应用软件;

b)人机联系应有汉字显示和打印功能,汉字应符合 GB 18030 要求;

c)人机接口操作方法应友好、简便、灵活、可靠,对话提示说明应清楚准确,在整个系统对话运用中保持一致;

d)被控对象的选择和控制只能在同一个操作员站上进行;

e)操作过程中的操作步骤应尽可能简化且应有必要的可靠性校核及闭锁功能;

f)画面调用方式应满足灵活可靠、响应速度快的原则:画面的调用应有自动和召唤两种方式,自动方式用于事故、故障及过程监视等情况,召唤方式为运行人员随机调用;

g)应给不同职责的运行管理人员提供不同安全等级操作权限,操作权限可分为4级,即系统管理员级、维护管理员级、运行人员级和一般级别,一般级别只可进行监视不可进行任何的控制操作;

h)任何人机接口请求无效时应显示出错信息;

i)任何人机操作(包括参数修改和配置修改)均应记入操作记录;

j)任何操作命令进行到某一步时,如不进行下一步操作(在执行之前)则应能自动删除或人工删除。

4.2.5.1.2　显示器功能

a)画面显示;

b)画面实时刷新(包括设备状态、运行参数及实时时钟的刷新);

c)报警与操作信息报告显示;

d)人机对话提示以及操作命令出错信息提示;

e)光标显示与控制;

f)画面窗口变换与局部放大;

g)画面的平移与滚动。

4.2.5.1.3　画面显示

运行人员通过键盘或鼠标选择和调用画面显示。画面内容应精练、清晰、直观,以便于监视和保证动态特性。画面主要包括:

a)各类菜单(或索引表)显示;

b)电厂电气接线图;

c)机组及其风、水、油等主要辅助设备状态模拟图;

d)机组运行状态转换顺序流程图;

e)机组运行工况图(P－Q 图);

f)AGC/AVC 画面;

g)各类棒图;

h)各类曲线图;

i)各类记录报告;

j)各类运行报表;

k)事故处理指导(任选项);

l)计算机系统各类设备运行状态图;

m)各类维护管理报表。

4.2.5.1.4　屏幕显示画面的编排

a)时间显示区;

b)画面静态及动态信息主显示区;

c)报警信息显示区;

d)人机对话显示区。

4.2.5.1.5　画面图符及显示颜色定义

a)画面中各电气设备图符应符合 DL/T 5350 有关规定。

b)画面中各电压等级颜色应符合 GB 11920 有关规定。

c)画面中图符动态刷新颜色定义:

机组空转状态:紫罗兰色;

机组空载状态:黄色;

机组发电状态:红色;

机组调相状态:蓝色;

机组停机备用状态:绿色;

机组停机检修状态:白色;

机组水泵状态:粉红色;

机组不定状态:红色;

断路器、隔离开关、接地开关合闸状态:红色;

断路器、隔离开关、接地开关分闸状态:绿色;

一般设备正常启动状态:红色;

一般设备正常停止状态:绿色。

d)报警与操作信息显示颜色定义:

事故信息:红色;

故障信息:黄色;

复归信息:白色;

操作信息:绿色。

e)参数刷新颜色定义:

参数正常:绿色;

参数越限:黄色(越上限或下限);

红色(或闪光)(越上上限或下下限)。

4.2.5.1.6　操作与控制

运行人员通过键盘或鼠标进行选择画面和屏幕管理操作之外,主要是完成4.2.4条中的操作控制任务,还包括:

a)设置或修改运行方式、负荷给定值及运行参数限值等;

b)报警监视和处理;

c)下述各种记录的打印:

——各类操作记录(包括操作人员登录/退出、设备操作等);

——各类事故及故障记录;

——各类报表;

——各类曲线;

——趋势记录(任选项);

——事故追忆及相关量记录(任选项);

——各种典型操作票(任选项);

——画面拷贝。

4.2.5.2 现地控制级人机接口及操作要求

a)运行人员应能通过现地操作屏的人机接口设备或移动式操作员站或便携工作站实现对所辖设备的监视和控制;

b)操作屏应具有远方和现地控制方式的切换功能,在现地控制级控制方式下,远方命令被闭锁,但不影响数据采集和传送;

c)在现地控制级控制方式下,相关操作应做到安全、可靠和简便,应为触摸屏(可选)上的相关控制操作提供操作权限;

d)在远方控制方式下,运行人员只能通过现地人机接口设备进行监视,不能进行除紧急操作外的其他控制操作;

e)机组紧急停机(包括手动和顺控流程)操作和关机组进水口快速门/蝴蝶阀操作不受远方/现地控制方式的影响。

4.2.6 工程师,编程员站基本功能

a)系统生成和启动;

b)故障诊断;

c)系统管理维护;

d)应用软件的开发和修改,以及数据库修改、画面编制和报告格式的生成。

4.2.7 电厂设备运行管理及指导

a)历史数据存储;

b)自动统计机组工况转换次数及运行、备用、检修时间累计;

c)被控设备操作动作次数累计以及事故动作次数累计;

d)峰谷负荷时的发电量分时累计;

e)运行参数及经济指标等计算(任选项);

f)操作指导(任选项);

g)事故处理指导(任选项);

h)电厂设备运行状况实时电话查询(任选项)。

4.2.8 系统通信

4.2.8.1 计算机监控系统与各调度级的调度自动化系统间的通信

为满足调度自动化系统(包括梯级调度)对电厂的遥测、遥信、遥调及遥控功能,监控系统应可随时接收各级调度的命令信息,并向它们发送电厂实时工况、运行参数及有关信息。

4.2.8.2　计算机监控系统与电厂其他计算机系统之间的通信

　　a)与厂内电能计量系统的通信(任选项);

　　b)与枢纽闸门控制系统的通信(任选项);

　　c)与厂内继电保护及故障录波管理系统的通信(任选项);

　　d)与厂内消防报警系统的通信(任选项);

　　e)与厂内工业电视监控系统的通信(任选项);

　　f)与水情自动化测报系统的通信(任选项);

　　g)与培训仿真系统的通信(任选项);

　　h)与电力市场竞价上网系统的通信(任选项);

　　i)电站状态监测系统(任选项);

　　j)与厂内信息管理系统的通信(任选项);

　　k)与 Web 服务器的通信(任选项)。

4.2.8.3　电厂控制级与现地控制级的通信

　　a)数据采集;

　　b)传送控制/调节命令及其他需要的信息(如机组水头);

　　c)通信诊断。

4.2.8.4　现地控制单元之间的通信

　　现地控制单元之间应能实现通信,传送相互之间所需要的信息。

4.2.8.5　现地控制单元与所辖智能电子设备之间的通信(任选项)

　　现地控制单元能分别与所辖控制设备(如调速器、励磁系统、开关站智能设备、厂用电系统智能电子设备、直流系统监控装置、排水控制系统、空气压缩机控制系统及暖通空调控制系统等)实现通信。

4.2.8.6　时钟同步

　　计算机监控系统应能正确接收 GPS 时钟信息,并实现系统内各节点的时钟同步。

4.2.12　试验与维修操作

　　计算机监控系统应具有方便地进行试验与维修操作的手段。

4.3　硬件要求

4.3.1　系统基本结构

4.3.1.1　开放、分层分布式计算机监控系统结构。

　　按水电厂控制层次和对象设置电厂控制级和现地控制级:

　　a)电厂控制级根据要求可以配置成单机、双机或多机系统。

　　b)现地控制级按被控对象(如水轮发电机组、开关站、公用设备、闸门等)由多套 LCU 组成。

　　c)电厂控制级和现地控制级间一般采用星形网络(共享式以太网或交换式以太网)或以太网环形网络结构(逻辑总线结构)或二者相结合的网络结构。大中型水电厂采用星形网络时应采用交换式以太网。

4.3.1.2　现地控制级结构。

现地控制单元是实现水电厂计算机监控的关键设备,根据计算机监控系统实用要求,其结构配置可为:

　　a)非冗余结构;

　　b)局部冗余结构。

现地控制单元是否配置远程 I/O,可根据监控对象规模和设备布置确定。

4.3.1.3　现地控制单元应能独立运行,具有现地监控手段。

4.3.1.4　机组现地控制单元一般应配置用于紧急停机操作的水机后备保护简化设备。

4.3.3.1　电厂控制级计算机

4.3.3.1.1　电厂控制级计算机(或处理器)配置应具备如下技术性能:

　　a)CPU 字长:64 位(数据服务器等主设备)、32 位;

　　b)时钟频率:≥1 GHz;

　　c)浮点处理:硬件。

4.3.3.1.2　计算机内的主存储器应有足够的容量,存储器容量分配中应留有 40% 以上的裕量。

4.3.3.1.3　计算机系统存储器:

　　a)支持实时控制系统工作的存储器应有足够的存储能力,以支持实施控制系统的资源文件、应用文件和历史数据(包括日、月、年累加信息量)的存储管理工作。最低容量应不低于 80 GB。

　　b)支持管理工作的存储器宜配置磁盘阵列。

4.3.3.2　现地控制级计算机

4.3.3.2.1　对工业控制微机类型的技术性能要求

　　a)处理器字长:32 位;

　　b)时钟频率:≥33 MHz;

　　c)存储器容量:≥16 MB;

　　d)硬件中断:≥8 级;

　　e)具有硬件 WATCHDOG;

　　f)机内总线标准化;

　　g)具有局域网通信接口;

　　h)具有与智能电子设备的接口;

　　i)必要时,应具有现场总线接口;

　　j)I/O 点的容量应大于实际可能使用容量,且留有足够裕度;

　　k)能实现时钟同步校正,其精度应与事件分辨率配合。

4.3.4　数据和控制接口

数据和控制接口为计算机监控系统设备中与被监控设备进行电气连接的部件。

4.3.4.1　模拟量输入点接口

4.3.4.1.1 模拟量输入点接口回路的输入直流放大器应具有足够电压的电气隔离。

4.3.4.1.2 多路模拟量输入点采用公用模数转换电路时宜采用悬浮电容双端切换技术。

4.3.4.1.3 用于温度测量的模拟量输入点接口宜直接与电阻温度探测器(RTD)连接。

4.3.4.1.4 对模拟量输入点接口应提供模数变换精度自动检验或校正。

4.3.4.1.5 模拟量输入点接口参数：

　　a)信号范围：电流型 4~20 mA；

　　电压型 ±5 V、0~5 V、0~10 V；

　　采用交流采样时，交流量输入为：100 (57.7) V,1 A 或 5 A；

　　RTD 型(0 ℃时)100Q(P100 型)。

　　b)输入阻抗：电流型 ≤500 Ω；

　　　　　　　　电压型 ≥5 kΩ。

　　c)数模转换分辨率：≥12 位(可含符号位)。

　　d)最大转换误差(25 ℃时)：±0.25%(从变送器取信号,包括失调、标度变换以及6个月周期以上的检验误差)。

　　注：当直接从电流互感器(TA)、电压互感器(TV)、RTD 取信号时为 ±0.5%。

　　e)共模电压：200 V DC 或 AC 峰值。

　　f)共模抑制比(CMRR)：≥80 dB(直流到交流 50 Hz;测试信号从端子加入)；

　　　　　　　　　　　　　　≥90 dB(直流到交流 50 Hz)。

　　g)常模抑制(NMRR)：≥60 dB(直流到交流 50 Hz)。

4.3.4.2 数字量输入点接口

4.3.4.2.1 数字量输入点宜采用无源接点,且信号电源应由独立电源回路提供。

4.3.4.2.2 数字量输入点接口一般应采用光电隔离和浪涌吸收回路。

4.3.4.2.3 每一数字量输入点端口宜有发光二极管(LED)显示其状态。

4.3.4.2.4 数字量输入点接口参数：

　　a)信号范围：电压：12 V DC、24 V DC、48 V DC

　　　　　　　　电流：≤10 mA；

　　b)最小变态检测时间：2 ms；

　　c)最大变态检测时间：30 ms；

　　d)接点电阻：<100 mA(包括电缆芯线)；

　　e)在工作电压条件下接点泄漏电阻：>50 kΩ(包括电缆芯线)。

4.3.4.3 模拟量输出点接口

4.3.4.3.1 模拟量输出点接口回路宜采用差分连接。

4.3.4.3.2 模拟量输出点接口参数：

　　a)信号范围：电流型 4~20 mA；

　　　　　　　　电压型 0~10 V

　　b)负载阻抗：电流型 ≤500 Ω；

电压型≥500 Ω

　　c)最大转换误差:±0.25%、0.5%;

　　d)数模转换分辨率:12(含符号位)、10 位(含符号位);

　　e)转换时间:≤0.15 s、≤0.55 s;

　　f)共模电压:200 V DC 或 AC 50 Hz。

4.3.4.4　数字量输出点接口

4.3.4.4.1　数字量输出点接口应采用光电隔离或继电器隔离。

4.3.4.4.2　数字量输出点回路应由独立电源供电。

4.3.4.4.3　每一路数字量输出点宜有 LED 显示其状态。

4.3.4.4.4　数字量输出点接口参数:

　　a)信号电压范围:电子式 0 ~ 30 V DC;

　　接点式 220 V DC、110 V DC、48 V DC、24 V DC、220 V/380 V AC;

　　b)信号电流范围:电子式 0 ~ 50 mA;

　　　　　　　　　接点式 1 A、2 A、5 A;

　　c)信号持续时间:可控和锁存;

　　d)接点开断容量:感性负载 30 W;

　　e)继电器固有动作时间范围:吸合 2 ~ 30 ms,释放 10 ~ 30 ms。

4.3.4.5　数字量输入累加点接口参数

　　a)信号电压:5 V DC、12 V DC、24 V DC;

　　b)信号电流:≤10 mA;

　　c)最小变态检测时间:30 ms、50 ms。

4.3.5　通信接口

4.3.5.2　电厂控制级与现地控制级间或电厂控制级多机间的通信接口:

4.3.5.2.1　计算机监控系统相互间的通信连接宜按局域网考虑,而且应尽可能选择适合于工业控制的局域网。局域网结构、通信规程、信息格式、数据传输速率、传输介质和传输距离等应考虑下述款项一般要求外,还应满足系统功能的有关要求。

4.3.5.2.2　串行通信接口:

　　a)通信方式:异步或同步串行数据传输;

　　b)接口标准:符合美国电子工业协会标准 RS - 423 - A(非平衡电压数字接口电路的电气特性)、RS - 232 - C(采用串行二进制数据交换的数据终端设备与数据通设备之间的接口)(带调制解调器)(单端);符合美国电子工业协会标准 RS - 422 - A(平衡电压数字接口电路的电气特性)、RS - 485(差分)、20 mA 电流环;

　　c)传输速率:≥1 200 bps;

　　d)传输距离:使用电缆时一般不应大于 1 km(RS - 422 - A、RS - 485);

　　e)传输介质:聚乙烯绝缘对绞铜带屏蔽电缆。

4.3.5.2.3　网络接口:

　　a)通信方式:交换式或竞争式(广播、点对点);

　　b)接口标准:IEEE802.4 或 IEEE802.3(数据通信中局域网的一种标准);

c)传输速率:≥10 Mbps;

d)传输介质:光缆或双绞线。

4.3.5.3 与其他系统之间的通信接口:

计算机监控系统与4.2.8.2条规定的其他系统通信时,其接口除应满足4.3.5.2.2条、4.3.5.2.3条要求外,还应满足国家有关部门关于电力二次系统安全防护规定的要求。

4.3.5.4 通信接口应采用光电隔离或变压器隔离,其隔离电压等级应大于器件上可能出现的最大地电位差和4.3.10.3条规定的电磁兼容性极限值。

4.3.8 电源

4.3.8.1 计算机监控系统设备使用的不间断电源(UPS)或逆变电源、稳压电源、开关电源等应能在下列外电源电压范围内正常工作和不遭损坏:

交流电源:

输入电压变化:$220 \times (85\% \sim 110\%)$ V;

$380 \times (85\% \sim 110\%)$ V;

输入频率变化:$50 \times (1 \pm 2\%)$ Hz;

直流电源:$220 \times (80\% \sim 115\%)$ V;

$110 \times (80\% \sim 115\%)$ V。

4.3.8.2 在外电源内阻小于$0.1\ \Omega$时,由计算机监控系统设备所产生的电噪声($1 \sim 100$ kHz)在电源输入端上的峰—峰值电压应小于外部电源电压的1.5%。

4.3.8.3 当输入电压下降到下限或正负极性颠倒时,计算机监控系统设备不应遭到破坏。

4.3.8.4 计算机监控系统电厂控制级应配置不间断电源或逆变电源,大型电站宜配置两组不间断电源或逆变电源并且以并联或热备方式工作。现地控制级应配置两组稳压电源/开关电源并且同时工作,必要时也可配置逆变电源。

4.3.8.5 不间断电源或逆变电源除满足GB 7260有关规定外还要满足下列具体要求:

a)额定容量:按$1.5 \sim 2$倍正常负载容量考虑;

b)输入电压:满足4.3.7.1条的要求;

c)输出电压范围:$220 \times (1 \pm 2\%)$ V AC;

d)输出频率范围:$50 \times (1 \pm 1\%)$ Hz,正弦波;

e)输出波形失真:<5%;

f)电压超调量:<10%额定电压(当负载突变50%时);

g)不间断电源备用电池维持时间:不小于1 h。

4.3.8.6 系统内部直流稳压电源/开关电源应有过压保护及电源故障报警信号。电源配置应满足接口隔离要求。

4.3.8.7 计算机监控系统设备的电源输入回路应有隔离变压器和抑制噪声的滤波器。

4.3.9 机柜和控制台

4.3.11　接地

4.3.11.1　计算机监控系统接地应使用水电厂公用接地网接地。

4.3.11.2　为了避免产生接地环流或地噪声干扰,同时为了设备的安全防护,计算机监控系统设备的外壳、交流电源、逻辑回路、信号回路和电缆屏蔽层必须按如下原则接地:

　　a)设备外壳或裸露的非载流的金属部分必须接地;

　　b)经过隔离的交流电源电压超过150 V时必须接地;

　　c)未隔离开的所有计算机直流回路(包括直流电源、逻辑回路、信号回路)中一般只应有一个接地点;

　　d)未隔离开的所有计算机直流电路中共地回路如有两点或多点接地时,其任意两接地点的地电位差在任何时候均不能大于设备所允许的噪声;

　　e)任一机柜(或一套装置)内全部对外接口设备有隔离时,机柜外壳、交流电源、计算机直流电路和电缆屏蔽层应在该机柜内共一点接地。计算机逻辑回路在机柜内应只有一点同机柜的公共接地点连接;

　　f)在一个设备中,或在临近设备中的接地不应有两个独立的接地网;

　　g)信号和电缆屏蔽层的接地应考虑相应传感器或其他连接设备的接地点,避免两点接地,并且尽可能选择计算机监控系统接收设备端一点接地。

4.3.11.3　计算机监控系统所属设备柜内接地线应尽量短,柜内的公共接地板应采用截面大于50 mm² 的铜条。

4.3.11.4　机柜或箱壳的接地点必须有良好耐久的金属接触点接地。

4.3.11.5　计算机监控系统所属设备使用测试仪器时,该设备应为测试仪器提供电源连接和接地连接。

4.4　软件要求

4.4.1　操作系统

4.4.1.1　提供的操作系统应是实时多任务系统、分时操作系统、多用户多线程系统。

4.4.1.2　操作系统应满足如下要求:

　　a)操作系统在所提供的硬件构造中应有实用成功的经验;

　　b)对计算机设备制造单位支持的实时操作系统不宜进行修改,对其未使用部分可进行删减;

　　c)为提高计算机利用率和响应时间,操作系统应具有以优先权为基础的任务调度算法,资源管理分配以及任务间通信和控制手段,优先级至少有32级;

　　d)应具有输入输出设备的直接控制能力;

　　e)应能有效地执行高级语言程序;

　　f)能执行诊断检查,故障自动切除;

　　g)对系统的启动、终止、监视、组态和其他联机活动应有交互式语言和命令程序支持;

　　h)为系统生成提供服务;

　　i)用于大型电站中服务器的操作系统应支持集群功能;

　　j)应具有分级安全管理功能;

k) 支持多种高级语言软件开发平台;

l) 文件管理系统采用性能优良的层次文件结构和多重保护机制,提供文件控制功能,包括文件的打开、关闭、读出和记录的基本存取方法。

现地控制级的操作系统可根据实际应用环境对上述要求进行简化。

4.4.2　支持程序和实用程序

4.4.2.1　系统服务软件中应该配备成熟适用的支持程序和实用程序。

4.4.2.2　应提供的支持程序和实用程序及其特性要求如下:

a) 具备有效的编译软件以进行应用软件的开发,这些编译软件包括标准的汇编语言编译程序、高级语言编译程序;

b) 具有容易使用和代码汇编的连接装配程序;

c) 具有对应用软件进行检验和修改的实用程序;

d) 具有交互式数据库编辑生成程序、交互式画面编辑生成程序、交互式报表编辑程序等;

e) 具有完成系统时钟同步的软件程序。

4.4.3　数据库

集中式或分布式数据库应能满足如下要求:

a) 数据库的结构定义应包括电厂监控和管理所需要的全部数据项;

b) 数据库应提供方便的能被其他商用数据库直接采用的应用接口;

c) 支持快速存取和实时处理;

d) 能保证数据的完整性和统一性;

e) 能在线设定或修改数据;

f) 模拟输入量应具有测量死区、零读数死区、报警死区、越限限值和工程单位变换等属性;

g) 实时数据库应具有报警允许、数据质量码或控制闭锁等相关属性;

h) 历史数据库应提供方便可靠的历史数据存储、查询和备份功能。

4.4.4　数据采集和处理软件

数据采集软件应配合数据库提供电厂监控和管理所需的数据。数据采集软件应能满足如下要求:

a) 按周期方式和请求方式实现电站设备的实时数据采集;

b) 对采集到的实时数据分类进行实时处理,并产生相应的报警报文;

c) 对外部链路数据实现采集和处理;

d) 按周期方式或请求方式为其他应用提供数据;

e) 数据采集和处理速度应满足实时性要求。

4.4.5　人机接口软件

4.4.5.1　人机接口软件的设计应满足系统功能设计要求。

4.4.5.2　人机接口软件应使用户能增加或修改数据定义、显示画面、报表和系统配置等。

4.4.5.3　人机接口应具有汉字显示和打印功能,汉字应符合 GB 18030 汉字编码标准集。

4.4.5.4　人机接口软件应为运行管理人员提供不同安全等级的操作权限控制。

4.4.6　通信软件

　　用于计算机监控系统的通信软件应尽可能采用开放系统互连(Open Systems Interconnection,OSI)协议或适于工业控制的标准协议。

4.4.6.1　局域网络通信规约:

　　a)网络宜采用 IEEE802.2、IEEE802.3 系列标准协议;

　　b)网络及传输层宜采用 TCP/IP 协议集(族)。

4.4.6.2　电厂控制级计算机与调度级计算机间所采用的远程通信协议应该服从调度端的要求。

4.4.6.3　在通信协议规定的数据块传送结构中,报文类型定义宜按数据类型划分。

4.4.6.4　通信软件应能监视通信通道故障并进行故障切除(停止通信)和报警:在有冗余通道的情况下应由主控侧自动完成主备通道的平稳切换。

4.4.6.5　局域网通信交换数据量及其频度应满足功能要求和特性要求。

4.4.6.6　各级控制系统在与上一级计算机系统建立通信或通信故障时都应保证计算机监控系统的稳定运行不受通信状态的干扰。

4.5　系统特性要求

4.5.1　实时性

4.5.1.1　现地控制级装置的响应能力应满足对于生产过程的数据采集时间或控制命令执行时间的要求。

4.5.1.1.1　数据采集时间分类如下:

　　a)状态和报警点采集周期:≤1 s;

　　b)模拟点采集周期:

　　电量≤2 s;

　　非电量 1~20 s;

　　c)SOE 点分辨率:

　　1 级:≤10 ms;

　　2 级:≤5 ms;

　　3 级:≤2 ms。

大型水电厂的计算机监控系统应满足 3 级或 2 级要求。

4.5.1.1.2　现地控制级装置接收控制命令到开始执行的时间应小于 1 s。

4.5.1.1.3　供事件顺序记录使用的时钟同步精度应高于所要求的事件分辨率。

4.5.1.2　电厂控制级的响应能力应该满足系统数据采集、人机接口、控制功能和系统通信的时间要求。

4.5.1.2.1　电厂控制级数据采集时间包括现地控制级数据采集时间和相应数据再采入电厂控制级数据库的时间,后者应不超过 1~2 s。

4.5.1.2.2　人机接口响应时间分类如下:

　　a)调用新画面的响应时间:≤2 s;

b)在已显示画面上实时数据刷新时间从数据库刷新后算起不超过 1 s;

c)操作员执行命令发出到现地控制单元开始执行的时间不超过 1~2 s;

d)报警或事件产生到画面字符显示和发出音响的时间不得超过 2 s。

4.5.1.2.3　电厂控制级联合控制功能的执行周期分类如下:

a)有功功率联合控制任务执行周期一般可取 3~15 s,并可调整;

b)无功功率联合控制任务执行周期一般可取 6 s、12 s、3 min,并可调整;

c)自动经济运行功能处理周期时间一般可取 5~15 min,并可调整。

4.5.1.2.4　电厂控制级对调度系统数据采集和控制的响应时间应满足调度的要求。

4.5.1.2.5　双机切换时间:

a)热备用时:保证实时任务不中断;

b)温备用时:≤30 s;

c)冷备用时:≤5 min。

7　技术文件

7.1　一般要求

7.1.1　制造单位为计算机监控系统设备提供的文件应包括五个基本部分:设计文件、安装文件、操作文件、维护文件和试验文件。

7.1.2　制造单位提出的文件内容应详尽、完整、统一,文图工整清晰,印刷装订美观。

7.1.3　制造单位执行用户要求的初步设计和出厂验收文件应经用户审批。

7.1.4　制造单位所提供的全部最终文件要反映设备现场验收时的真实情况。

7.2　设计文件

　　由制造单位提供的设计文件是制造单位根据用户的设计文件、技术规范书或招标书,进行系统设备制造所编制的图纸和说明书。应该包括:

a)硬件系统框图(或配置图)及设备清单;

b)模件原理图;

c)机柜的设备布置图及布线图;

d)软件系统结构设计文件;

e)系统软件和应用软件清单;

f)操作系统、支持程序、实用程序、数据库、数据采集软件、人机接口软件及通信软件使用说明;

g)应用软件源程序及说明;

h)全部外购设备所附文件;

i)属制造单位的设计文件应有电子文档。

7.3　安装文件

a)端子图及内部连接图;

b)设备安装开孔和固定连接图;

c)设备接地连接图;

d)安装说明书。

7.4　操作文件

制造单位应为运行操作员编制使用计算机监控系统设备的中文操作说明书。

7.5　维护文件

制造单位应为维护人员编制本计算机监控系统的维护文件,包括下列内容:

a)正常维护说明书;

b)故障检查及修复说明书。

7.6　试验文件

制造单位应提供系统设备在工厂和现场各试验阶段的文件。

参 考 文 献

［1］谢云敏,宋海辉. 水电站计算机监控技术［M］. 北京:中国水利水电出版社,2014.

［2］郑程遥. 水电站计算机监控系统设计、安装与调试［M］. 北京:中国水利水电出版社,2012.

［3］陈启卷. 水电厂计算机监控系统［M］. 北京:中国水利水电出版社,2010.

［4］朱松林. 变电站计算机监控系统相关技术［M］. 北京:中国电力出版社,2012.

［5］徐金寿,张仁贡. 水电站计算机监控技术与应用［M］. 杭州:浙江大学出版社,2011.

［6］黄少敏. 水电站计算机监控技术［M］. 北京:中国电力出版社,2008.

［7］徐锦才. 小型水电站计算机监控技术［M］. 南京:河海大学出版社,2005.

［8］黄庆丰,金永琪. 水电站电气设备［M］. 郑州:黄河水利出版社,2009.

［9］应明耕. 水电站电气一次部分［M］. 北京:中国水利水电出版社,2000.

［10］顾建军. 试论职业教育课程改革的理念转变［OL］.

［11］秦虹. 职业教育课程改革理念与实施策略研究［OL］.

［12］孟宪军. 试论职业教育课程改革的取向［OL］.

［14］吴刚平. 校本课程开发的定性思考［OL］.

［15］石伟平. 我国职业教育课程改革中的问题与思路［OL］.